葉琮裕・楊宗翰・許瑞峯

實用環境化學
生態環境篇

國家圖書館出版品預行編目資料

實用環境化學. 生態環境篇 / 葉琮裕, 楊宗翰, 許瑞峯
著. -- 1 版. -- 臺北市 : 臺灣東華, 2019.09

160 面 ; 19x26 公分

ISBN 978-957-483-981-0 (平裝)

1. 環境化學

367.4   108015096

實用環境化學—生態環境篇

著　　者	葉琮裕、楊宗翰、許瑞峯
發 行 人	陳錦煌
出 版 者	臺灣東華書局股份有限公司
地　　址	臺北市重慶南路一段一四七號三樓
電　　話	(02) 2311-4027
傳　　真	(02) 2311-6615
劃撥帳號	00064813
網　　址	www.tunghua.com.tw
讀者服務	service@tunghua.com.tw
門　　市	臺北市重慶南路一段一四七號一樓
電　　話	(02) 2371-9320
出版日期	2019 年 11月 1 版 1 刷

ISBN   978-957-483-981-0

版權所有 ‧ 翻印必究

推薦序

　　由於人口的增加，使水的需求量亦相對提高，再加上生活水準的提高，此兩種因素的結合，在許多情況下品質較差或已受污染的水源，在開源上有所限制外，水處理工程師們需要設法再加利用，以滿足需要量，因應人口的膨脹而更形複雜。在許多缺水的地區，勢必形成將使用過的廢水再處理後循環利用的情形，此種情況，亦將對科學家及工程師們形成莫大的考驗。

　　本署一直秉持著保護環境資源及追求環境永續發展願景，並依照「國家發展計畫」中所擬「強化對環境的責任」等施政主軸，訂定年度施政目標及指標，以推動各項環境保護措施及行動計畫，強化事業廢水管理與再利用及土壤與地下水污染整治。而廢污水的管理與再利用，一直以來被世界各國視為發展指標，因此提升整體污水處理率，有助於提升國家形象及競爭力；希望藉由本書之出版可以激盪更多的環境品質關切與工程技術的改善，因為環境乃是全體國民的公共財，在全球氣候變遷下的我們，將務實面對臺灣國土環境的挑戰，以達藍天綠地、青山綠水、永續發展的全民福祉，使後代子孫能有更潔淨的生活空間。最後，謹以此文為序並予道賀。

行政院環境保護署

張子敬　署長

2019 年 1 月

序

　　《Water Chemistry》作者 Snoeyink 及 Jenkins，開啟了我與環境化學的一扇門。成功大學黃汝賢教授是我的啟蒙老師，在柏克萊唸碩士時受世界活性污泥權威 Jenkins 之薰陶。在賓州州立大學攻讀博士學位之指導教授 Cannon 則是 Snoeyink 的嫡傳弟子。如今在國立高雄大學也教授分析化學。在大學碩士、博士及現今都用《Water Chemistry》當教科書，與《Water Chemistry》真是有不解之緣。

　　筆者在高雄大學任教教授環境微生物、生物原理、分析化學、污水工程、土壤與地下水整治復育及科技英文導讀。近期先後完成土壤及地下水整治技術及廢污水創新處理與再生。寫書的肇始念頭，為期盼將國立成功大學、美國加州大學柏克萊分校及賓州州立大學，諸多恩師的傳授記錄下來，同時也要感謝行政院環境保護署，在兼任土污基管會、環境人員訓練所給我有接觸環保法令及國外新穎技術之機會，筆者何其幸運受張子敬、蔡鴻德、葉俊宏、阮國棟、鄭顯榮、王龍池、馬念和等貴人的提拔、照護，筆者銘記在心。

　　本著作承蒙環保新星楊宗翰及許瑞峯博士拔刀相助，使本書出版能如期完成。本書內容涵蓋目錄環境工程化學概論、生態化學及植物化學等。

　　接著要感謝王宗櫚、楊崑山、許永政、張添晉、袁中新、蔡長展、林東毅、廖義銘、王凱中、車明道、范康登、侯善麟、高志明及董正欽教授等先進的指導，林淵淙、陳谷汎、吳龍泉、黃靖修、黃建源、陳春僥、張文騰、彭彥彬、林坤儀、侯嘉洪、侯文哲、林怡利、林家驊、陳威翔、王奕軒、陳秋妏、劉炅憲、張耿崚、林明勳、梁祐、章日行、陳勝一、林俊儀、張志君、呂杰祐等同儕的支持與鼓勵使筆者有動力完成本著作。最後感謝我的家人敬愛的母親無微不至的照顧，兄弟妹間感情和睦，友愛尊敬。琮琦、惠萍你們的敬愛與關懷，是我的榮幸與驕傲。感恩！

國立高雄大學 工學院副院長
葉琮裕 教授

目次

CONTENTS

Chapter 1

生態與環境　1

- 1.1　緒論　1
- 1.2　元素的循環　4
  - 1.2.1　碳循環 …………………………………… 4
  - 1.2.2　氮循環 …………………………………… 7
  - 1.2.3　磷循環 …………………………………… 10
  - 1.2.4　硫循環 …………………………………… 11
- 1.3　環境中的無機污染物　13
  - 1.3.1　水中的鹽類污染物 ……………………… 13
  - 1.3.2　土壤及地下水污染管制標準中八大重金屬污染物 ……………………………………… 15
  - 1.3.3　過渡金屬 ………………………………… 21
- 1.4　環境中的有機污染物　22
  - 1.4.1　石油類化合物 …………………………… 23
  - 1.4.2　含氯有機污染物 ………………………… 28

1.5　台灣污染現況　32

  1.5.1　河川污染 ……………………………………… 32

  1.5.2　土壤及地下水污染 …………………………… 35

Chapter 2

污染物在環境的宿命與化學作用　39

2.1　物質的化學反應平衡與動力　40

  2.1.1　化學平衡──勒沙特略原理 ………………… 40

  2.1.2　反應動力學 …………………………………… 42

2.2　環境酸鹼值對污染物之影響　47

  2.2.1　pH 值的概念 …………………………………… 47

  2.2.2　緩衝劑 ………………………………………… 49

  2.2.3　環境 pH 值對重金屬污染物的影響 ………… 50

2.3　污染物的溶解與沉澱──溶解度、溶度積
   常數：K_{sp}　51

  2.3.1　溶解度積概述 ………………………………… 51

  2.3.2　土壤環境的重金屬沉澱與溶解 ……………… 52

  2.3.3　生物淋溶作用 ………………………………… 52

2.4　污染物的揮發──道爾吞分壓定律、亨利
   常數、拉午耳定律：K_H　53

2.5 污染物的錯合與螯合作用　54
　　2.5.1 配位基與錯合作用 ………………………… 54
　　2.5.2 金屬的選擇性探討 ………………………… 55

2.6 辛醇與水分配係數：K_{ow}、K_{oc}　57

2.7 污染物的氧化還原　59
　　2.7.1 氧化與還原概述 …………………………… 59
　　2.7.2 氧化還原反應的平衡 ……………………… 60
　　2.7.3 重金屬的氧化與還原 ……………………… 61

2.8 污染物的生物作用　62
　　2.8.1 微生物的作用 ……………………………… 62
　　2.8.2 含氯溶劑的生物轉化作用 ………………… 63
　　2.8.3 污染物於河川的自淨作用 ………………… 63

Chapter 3

水體水質自然淨化工法　67

3.1 濕地處理系統　68
　　3.1.1 濕地的結構 ………………………………… 72
　　3.1.2 濕地水文 …………………………………… 73
　　3.1.3 淨化水質機制 ……………………………… 75

3.2 濕地效益評估　83

3.3 影響濕地淨化功能之關鍵水質參數　84

　　3.3.1　物理性參數 ································· 84

　　3.3.2　化學性參數 ································· 84

　　3.3.3　生物性參數 ································· 86

3.4 人工濕地實例　86

3.5 補充說明　90

　　3.5.1　淺談廢水穩定塘 ························· 90

　　3.5.2　土壤處理法 ································· 91

Chapter 4

植生復育土壤污染整治技術　93

4.1 植物的生理構造與作用　94

　　4.1.1　植物的生理構造 ························· 94

4.2 物質在植物體內的傳輸　100

　　4.2.1　溶液的傳輸 ································· 100

　　4.2.2　無機物在植物體內的傳輸 ········· 104

　　4.2.3　有機物在植物體內的傳輸 ········· 107

4.3 植生復育污染整治技術　109

　　4.3.1　植生復育的主要機制 ················· 110

4.3.2　植生復育之評估因子 ………………………… 113

　　4.3.3　去除污染物的高手——超量攝取植物 ………… 114

　　4.3.4　植生復育機制的應用 ……………………………… 117

4.4　影響植物生長的因子　122

　　4.4.1　植物生長的必要與微量元素 ………………………… 122

　　4.4.2　環境缺乏必要元素對植物的負面影響 ………… 123

　　4.4.3　金屬的型態對植物利用的影響 ……………………… 124

　　4.4.4　高濃度重金屬對植物生長的影響 ……………… 124

4.5　植生復育土壤整治技術執行策略　127

　　4.5.1　環境調查 …………………………………………… 127

　　4.5.2　植生復育執行決策樹 ……………………………… 129

4.6　加強植生復育的方式　131

　　4.6.1　螯合劑添加加強重金屬移動性 ……………………… 131

　　4.6.2　生物可分解螯合劑 ………………………………… 132

　　4.6.3　植物生長激素 ……………………………………… 133

4.7　植生復育未來展望　135

　　4.7.1　新穎的加強植生復育藥劑 ………………………… 135

　　4.7.2　以藥用植物忍冬處理重金屬植生
　　　　　復育之研析 ……………………………………… 136

　　4.7.3　以景觀性花卉復育經畜牧廢棄物
　　　　　污染農地之研究 ………………………………… 137

4.7.4　芳香植物不僅吸收重金屬也可防
　　　　　　止登革熱 ················· 137
　　　4.7.4　觀賞性花卉 ················· 138

參考文獻 141

名詞索引 147

1 Chapter 生態與環境

1.1 緒論

地球 (earth) 是人類生存的所在地，是由大氣圈 (atmosphere)、水圈 (hydrosphere)、岩石圈 (lithosphere)、生物圈 (biosphere) 以及人類圈 (anthrosphere) 等所組成。大氣圈是地球最外層包含氮氣、氧氣、氬氣等的混合氣體，構成供給地球上生命所需的空氣。水文圈包括了地球上的河流、湖泊、濕地、冰原、冰川、地下水以及海水等水資源，其中海水占了地球總水量面積的 97%，是地球最主要的水體組成分。岩石圈指的是地表上的岩體，包含地殼與地函，是提供陸地生命棲息的地方。生物圈則是地球上所有生態系統 (ecosystem) 的統稱，所有具有生命的有機體都是生物圈的範圍。如圖 1.1，這些圈構成了我們的自然環境，而自然環境中物質之間的交互作用則構成了我們的生活。

人類所處的自然環境裡含有豐富的元素，例如：氫、氧、碳、氮、磷、硫、金屬元素、非金屬元素或放射性元素等，目前已知的元素共 118 個，其中碳、氮、磷、硫等元素是主要構成生命體的元素，且已知此些元素會依著自然界一定的規律循環，在本書的第 1.2 節會詳細介紹元素循環的議題。其餘元素間的相互作用不僅

圖 1.1
地球環境的組成

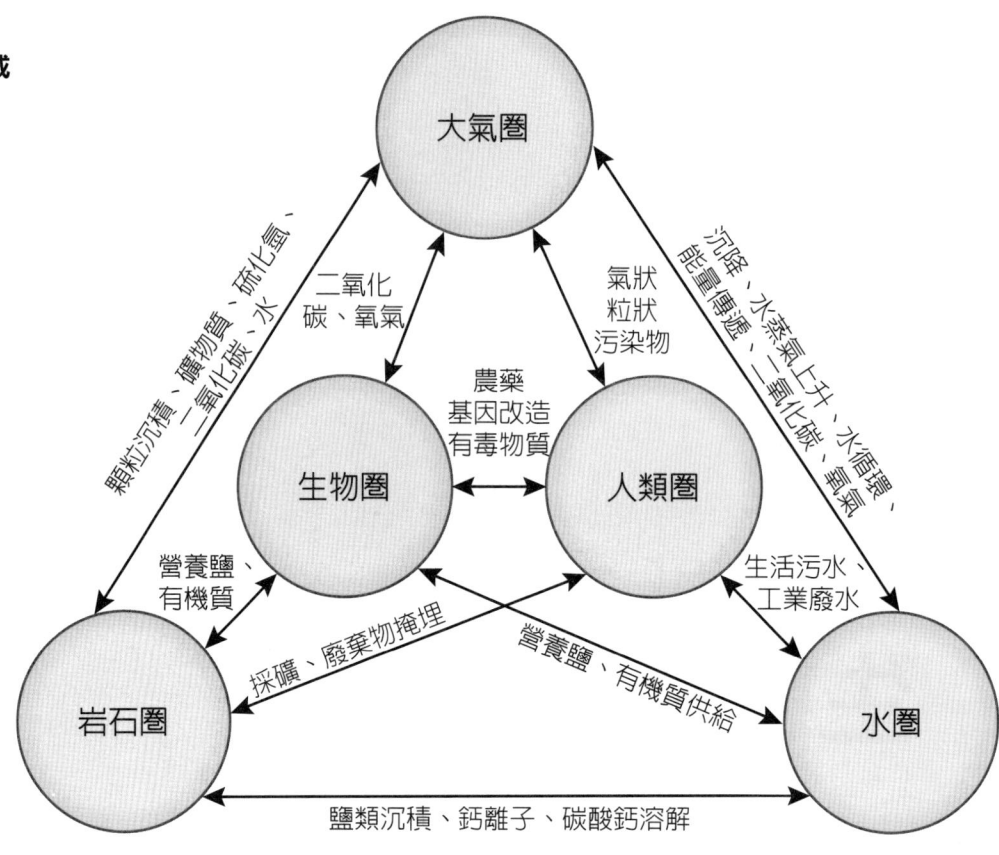

影響著自然環境，同樣也影響著人類的生活。隨著科技的進步，人們已經逐漸知道部分的金屬元素會對人體造成毒性，經由人類加工行為產生的人造物質也同樣會對人類健康造成傷害。因此，為了提升國內的環境品質，增進國民健康與福祉，維護環境資源及追求永續發展，台灣行政院環境保護署(以下簡稱環保署)曾在民國91年發布「環境基本法」，其中對環境的定義為：「環境是指影響人類生存與發展之各種天然資源及經過人為影響之自然因素總稱，包括陽光、空氣、水、土壤、陸地、礦產、森林、野生生物、景觀及遊憩、社會經濟、文化、人文史蹟、自然遺跡及自然生態系統等。」而永續發展係指滿足當代需求，同時不損及後代滿足其需求之發展。因此我們可以認知到自身所處的周遭即是環境，破壞了環境等同對自身生命造成危害與威脅。且長期以來工業的演進與發展，大量地球的資源被開採與消耗已使得自然環境狀態開始發生了變化。尤其國內工廠不斷建設，土地不斷被開發，使得民眾對周遭環境可能被破壞產生疑慮，也因如此，人們當應重視及思考如何因應當前面臨的環境污染問題。

環境污染物(contaminant)泛指一種可直接或間接損害自然生態或人類健康的物質、生物或是能量，其可能經由環境自然產生，或是人為的惡意排放、不適當的處置或儲槽管線年久失修導致洩漏至環境中，使得自然水體(地表水、河川、湖

泊) 及土壤與地下水，甚或是底泥、海洋與空氣等受到危害。環保署於民國 63 年起陸續針對各種環境介質的污染給予定義 (如表 1.1)，並且發布各種污染防治法規，用以防治各種污染情形發生以及不幸發生污染後的處置作為，其目的在於改善人民的生活環境以及維護人民的生命健康。

其實自然環境均具備環境承載力 (carring capacity)，可透過自然界的循環或生物作用等將污染物予以去除或降低濃度。但當污染物含量大於環境承載力時，環境無法負荷，將使得自然的循環無法順利進行，更甚者可能造成生態系統的崩壞。因此，人們相當在意人為製造之廢棄物，因生產製程產生的副產物，有毒原料等，如工廠加工產生之工業廢水、工廠使用的溶劑、加油站與煉油廠中的各類油品、農地耕作時噴灑的農藥、或是難分解的多苯環化合物與新興污染物等，此些物質對人體健康均有相當的危害性，當暴露大量濃度時可能造成立即死亡，甚或是長期暴露在微量濃度也將造成人類產生癌症。本書在第 1.3 及 1.4 節中介紹目前常見的污染物，期能給予讀者更深入了解污染物的特性，在面對污染物時可對症下藥，給予最有效的處置作為，減少環境受到危害的可能性。

讀者了解常見的污染物後，仍必須了解台灣目前的污染現況，因此在本書第 1.5 節中描述了目前台灣的土壤及地下水的污染情況，分成各種污染物依序介紹。

本書的第二部分則是介紹環境工程裡常用的化學原理，包含物質在不同相 (phase) 中的宿命、酸與鹼對環境的影響、元素的沉澱與溶解作用、氧化與還原作用、微生物的作用等，建立讀者的環境化學概念，此些概念對於處理環境污染物相當有幫助，運用這些原理可將環境中的污染物去除，不同原理的搭配也能夠提升污染物去除的成效。

表 1.1　環境中各類型污染之法規定義

污染類型	法源依據	發布日	定義
水污染	水污染防治法	民國 63 年 7 月 11 日	指水因物質、生物或能量之介入，而變更品質，致影響其正常用途或危害國民健康及生活環境。
空氣污染	空氣污染防治法	民國 64 年 5 月 23 日	指空氣中足以直接或間接妨害國民健康或生活環境之物質。
土壤、地下水污染	土壤及地下水污染整治法	民國 89 年 2 月 2 日	指土壤及地下水因物質、生物或能量之介入，致變更品質，而有影響其正常用途或危害國民健康及生活環境之虞。
底泥污染	土壤及地下水污染整治法	民國 89 年 2 月 2 日	指底泥因物質、生物或能量之介入，致影響地面水體生態環境與水生食物的正常用途而有危害國民生活健康及生活環境之虞。
海洋污染	海洋污染防治法	民國 89 年 11 月 1 日	指直接或間接將物質或能量引入海洋環境，致可能造成人體、財產、天然資源或自然生態損害之行為。

資料來源：行政院環境保護署

本書的第三章及第四章分別介紹兩種自然的工法，一種是自然生態淨化法 (ecological treatment systems)，另一種則是植生復育法 (phytoremediation)。此兩種方法是利用生物與植物的天然作用以及本身的特性來處理污染物，是對環境友善 (environmental friendly) 且較不會使環境遭受破壞的污染物處理方法。內容包含工法的概述、化學原理的應用，以及實際案例等來向讀者說明，另外本書也彙整筆者群的自身經驗成環保小轉彎，加強讀者對各種化學原理應用的印象。

1.2 元素的循環

前面已提及生態系統係由多種生物地球元素循環所組成，例如水循環、碳循環、營養鹽循環(氮、磷、硫)等。所有的化學元素、營養物質均存在於封閉的生態系統中，這些元素相互循環以保持收支平衡。近年來，隨著社會科技快速地發展，工廠排放廢水、燃煤排放廢氣等使得自然環境受到破壞，對生態系統更是造成長遠的負面影響。舉列來說，溫室效應、水體優養化、海洋酸化等皆是肇因於化學元素、營養物質不適當的分布所致。以下就分別簡略介紹自然界主要元素的循環。

1.2.1 碳循環（carbon cycle）

碳在環境/生態中扮演重要的角色，是構成生物體的主要元素之一。碳循環 (carbon cycle) 是指碳在生態系統中，在生物體與體外環境之間轉換的過程(圖 1.2)。陸生植物、水生植物、藻類或自營性微生物會藉由光合作用 (photosynthesis) 將大氣中的二氧化碳轉化為可利用的有機碳(例如醣類)，使碳以 {CH_2O} 形式存在，再經由生物體內的代謝作用形成各式的生物細胞，例如生物體 (biomass)、脂質 (lipid) 等。這些構成生物體的有機碳，一部分被草食動物所食，草食動物又被肉食動物所食，於是經由食物鏈而轉換於生物之間。然而，在轉換的過程中，又會藉由細胞的呼吸作用 (cellular respiration)，把醣類、脂肪等有機碳再轉化為二氧化碳，重新釋放到大氣中。光合作用是生產者利用其自身葉綠素將 H_2O 和 CO_2 轉化為自己得以利用的醣類和 O_2 的過程。而細胞呼吸作用則是生物體細胞把有機物氧化分解並轉化能量的化學過程，最終得到所需能量。

光合作用：

$$6CO_2 + 6H_2O \rightarrow C_6H_{12}O_6 + 6O_2 \tag{1-1}$$

呼吸作用：

$$C_6H_{12}O_6 + 6O_2 \rightarrow 6CO_2 + 6H_2O + 能量 \tag{1-2}$$

另一部分的有機碳則隨著動植物死亡之後，在地底下被真菌、細菌或是腐食者利用、分解而釋放出二氧化碳。這些死亡的生物遺體也會在特殊條件下(通常為高溫高壓)，經過微生物的轉化而成為石油或煤等燃料產物(C_xH_{2x})，人類將之開採、燃燒、重製產生的二氧化碳又重新回到大氣中。

大氣中的二氧化碳部分會溶解在地表水或地下水中形成溶解態碳酸根(HCO_3^-)或$CO_{2(aq)}$，再經化學作用礦化成不溶解的碳酸鈣(calcium carbonates, $CaCO_3$)、碳酸鎂(magnesium carbonates, $MgCO_3$)沉澱，成為環境中岩石的主要來源。岩石經風化、火山爆發、森林大火……等，也能使碳變成二氧化碳再回到大氣中。火山活動也是環境中碳循環的重要來源，最新的研究指出，在地球過去古新世到始新世的極熱事件(Palaeocene-Eocene Thermal Maximun, PETM)裡，火山活動累積釋放的二氧化碳量為10兆噸，遠超過迄今所有化學燃料燃燒所產生的二氧化碳量達30倍之多，也造成了當時全球溫度上升5ºC，生態系統破壞、物種滅絕 (Gutjahr et al., 2017)。因此，不能小覷火山活動帶來的二氧化碳排放量。

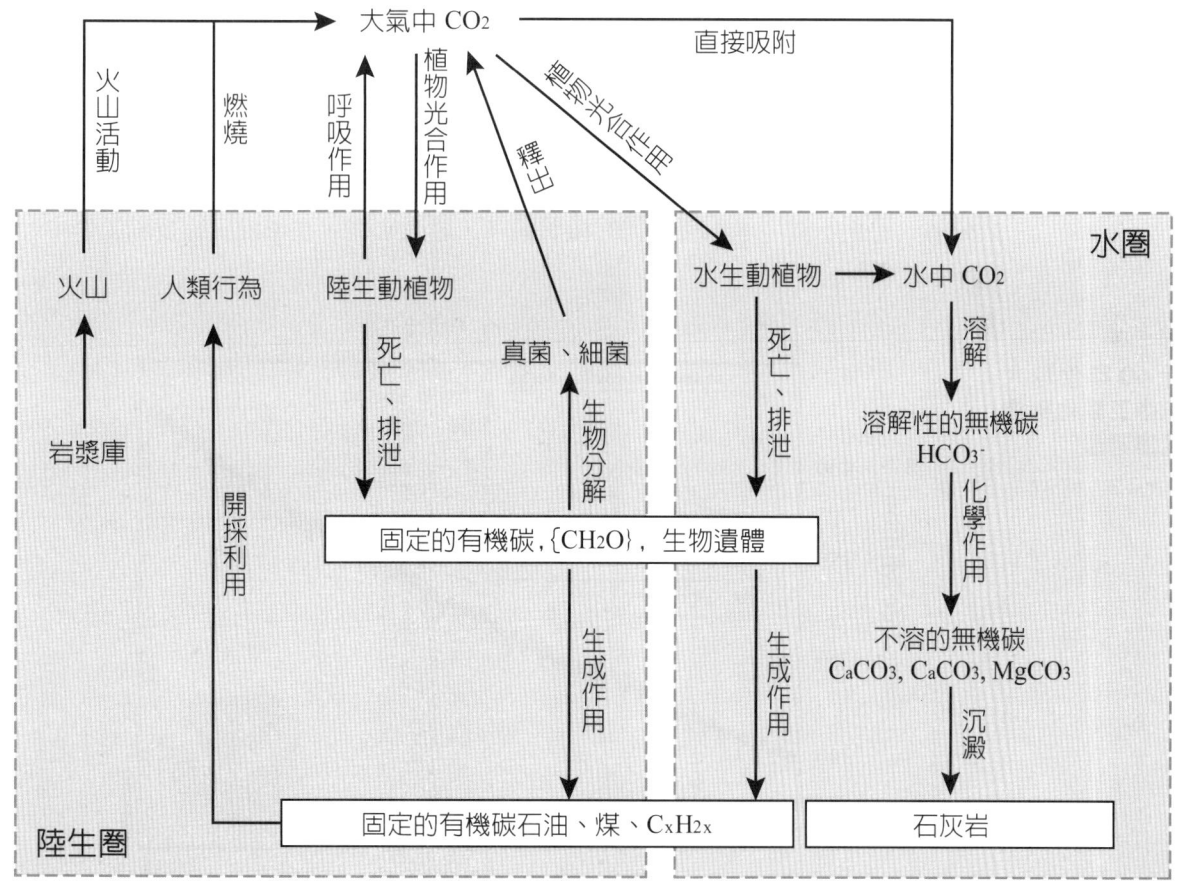

圖 1.2　碳循環

碳在大氣與生物之間，大氣與海水、岩石之間往復運動，構成碳在自然界的循環。在自然界每年被固定的和釋放的二氧化碳大致上相等，整體的變化較為緩和。但是，從 19 世紀工業革命後人類大量燃燒石化燃料，將原本封存於於煤炭、石油的有機碳燃燒後以二氧化碳最終產物釋放到大氣中。燃燒石化化學簡式如下：

$$C_nH_m + \left[n + \frac{m}{4}\right]O_2 \rightarrow nCO_2 + \frac{m}{2}H_2O \tag{1-3}$$

近百年來，由於人類燃燒石化燃料使大氣中二氧化碳濃度由 290 ppm 至今增加逾 400 ppm，其中 1/5 是近年內增加的。美國國家海洋暨大氣總署 (National Oceanic and Atmospheric Administration, NOAA) 的數據顯示 (圖 1.3)，2017 年 12 月全球大氣的月平均二氧化碳濃度為 406.53 ppm，短短一年時間，到 2018 年 12 月已成長至 409.36 ppm，未來也預期二氧化碳濃度會持續升高。大氣中二氧化碳濃度增加將引起溫室氣體效應，造成全球氣溫逐漸上升，各地氣候發生異常現象，是國人必須重視的問題。

除了自然發生的碳循環外，人為的活動或行為也會造成自然碳循環的變化。自然水體中的有機物一般指天然的腐植物質 (腐植酸和黃酸等) 及水生生物的分泌物和排泄物等。而人為活動所產生的生活污水、食品加工和造紙等工業廢水中，含有大量的有機物，如碳水化合物、蛋白質、油脂、木質素、纖維素等。這些有機物質直接進入水體後，通過一連串的微生物化學作用而分解成為無機的二氧化碳和水，在分解過程中需要大量消耗水中的溶氧。當水中溶氧用盡後，缺氧條件下就導致腐敗分解、惡化水質。水中有機物的種類繁多，組成複雜，在環境工程實際工作中一

**圖 1.3
近 40 年全球大氣中二氧化碳濃度趨勢圖**

圖片來源：NOAA

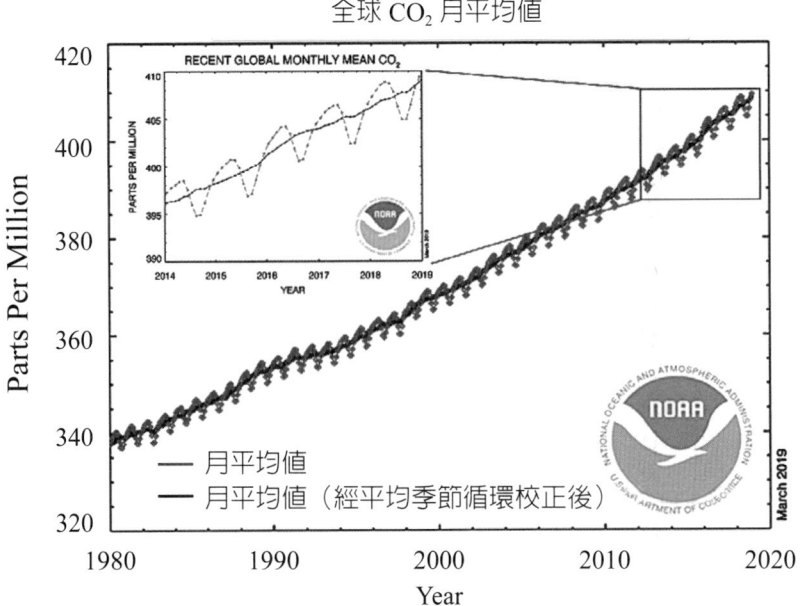

一般採用下列指標來表示水中耗氧有機物的含量，包含生物化學耗氧量 (biochemical oxygen demand, BOD)，化學需氧量 (chemical oxygen demand, COD)、總有機碳量 (total oxygen carbon, TOC)、總需氧量 (total oxygen demand, TOD) 等。

1.2.2　氮循環 (nitrogen cycle)

氮 (nitrogen) 是空氣中含量最多的氣體，約占空氣總體積的五分之四且生物生存過程合成之去氧核糖核酸 (deoxyribonucleic acid, DNA)、核糖核酸 (ribonucleic acid, RNA) 和蛋白質 (protein) 等物質皆須仰賴氮的參與。大氣中的氮 (N_2) 亦會經由閃電作用產生一氧化氮 (NO)，NO 會經由大氣中的臭氧氧化生成二氧化氮 (NO_2)，NO_2 又會被陽光的光解作用 (photodegradation) 還原成 NO，此 NO 及 NO_2 間不停地轉換，因此被統稱為氮氧化物。另一方面，大氣中的 N_2 會透過植物或微生物的固氮作用，將 N_2 轉換為有機氮 (如蛋白質、胺基酸等)，再經分解產生氨 (NH_3)。氨除了自然產生之外，也會經由人類活動製造或排放，例如種植農作物使用的氮肥、養豬養牛產生的畜牧廢水以及家庭使用的清潔劑等均含有氨，過量的氨進入至河川湖泊，將使得河川水質惡化，造成藻類大量繁殖，以致於水體缺氧，導致優養化更加地嚴重，但同時氨也會經由植物的光合作用重新合成蛋白質或胺基酸等。

氨可溶於水中，但一旦暴露於大氣裡就會馬上轉換成氣體。氨會透過脫硝作用產生亞硝酸氮 (中間產物) 及硝酸鹽，也會經由硝化作用產生 N_2O 重新回到大氣。儘管氮是大氣層中最常見的元素，對人體無害，但氮的循環產物可能會影響環境與人體健康，例如 N_2O 進入大氣中會作為催化劑加速對臭氧層的破壞，進而引起全球氣候變化等環境污染效應和生態環境改變。如 NO_2^-、NO_3^- 會對人體造成病變等。基於氧化還原理論，一般於自然水體中僅能測得較低亞硝酸鹽。硝化作用通常發生在有機碳濃度很少的情形下，水質乾淨時發生，自然狀態下在好氧環境硝化作用即可自行反應，只要有足夠氧氣，便能將氨氮轉變為亞硝酸鹽氮，最後再轉為硝酸鹽氮，是自然界中氮循環的重要步驟。氮的循環過程如圖 1.4，氮循環中共有固氮作用、氮吸收、氮礦化、硝化作用、脫硝作用等相關化學反應說明如下：

(1) 固氮作用：$N_2 \rightarrow NH_4^+$

固氮是將 N_2 轉化為銨的過程，因為它是生物體直接從大氣中獲得氮的唯一途徑。某些細菌，例如根瘤菌屬中的細菌，是通過代謝過程固定氮的唯一生物。固氮細菌通常與寄主植物形成共生關係。眾所周知，這種共生在豆科植物 (例如豆類、豌豆和三葉草) 中發生。在這種關係中，固氮細菌棲息在豆科植物根瘤中並從其寄主植物接收碳水化合物和有利環境，以換取它們固定的一些氮。還存在沒有植物宿主的固氮細菌，稱為自由生活的氮固定劑。在水生環境中，藍綠藻 (實際上是一種叫作藍藻的細菌) 是一種重要的自由生活氮固定劑。

圖 1.4
氮循環

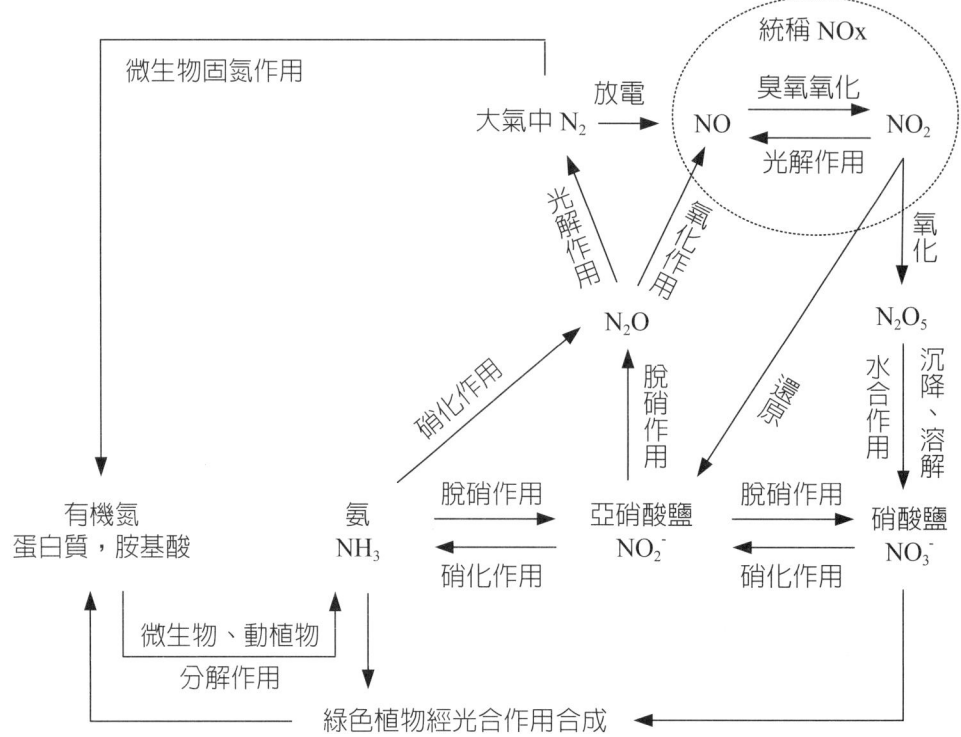

(2) 氮吸收：$NH_4^+ \to$ 有機氮

固氮細菌產生的氨通常通過宿主植物，細菌本身或其他土壤生物快速摻入蛋白質和其他有機氮化合物中。

(3) 氮礦化：有機 N $\to NH_4^+$

在將氮氣摻入有機物質後，它通常通過稱為氮礦化的過程轉化回無機氮，也稱為衰變。當有機體死亡時，分解物(如細菌和真菌)會消耗有機物並導致分解過程。在此過程中，死亡生物體中含有的大量氮被轉化為銨。一旦以銨的形式存在，氮就可供植物使用或通過稱為硝化的過程進一步轉化為硝酸鹽 (NO_3^-)。

(4) 硝化作用：$NH_4^+ \to NO_2^- \to NO_3^-$

化學自營性亞硝化菌將氨氮轉化為亞硝酸鹽，接續硝化菌將亞硝酸鹽轉換成硝酸鹽之過程稱為硝化作用 (nitrification)。進行這種反應的細菌從中獲取能量。硝化作用需要氧氣的存在，因此只能發生在富含氧氣的環境中，如循環水或流動水以及土壤和沈積物的表面層。硝化過程有一些重要的後果。銨離子帶正電荷，因此黏附(被吸附)到帶負電荷的黏土顆粒和土壤有機物質上。正電荷防止銨態氮通過降雨從土壤中洗出(或浸出)。相反，帶負電荷的硝酸根離子不被土壤顆粒保持，因此

可以沖洗土壤剖面，導致土壤肥力下降和下游地表和地下水的硝酸鹽富集。

(5) 脫硝作用：$NO_3^- \rightarrow N_2 + N_2O$

接續上述的反應，若環境為厭氧狀態，由缺氧性脫硝菌利用有機碳，將硝酸鹽 (NO_3^-) 還原為亞硝酸鹽 (NO_2^-)，再還原為 NO 及 N_2O 氣體逸散至大氣中，此種過程稱為脫硝作用 (denitrification)。脫硝是一種厭氧過程，通過反硝化細菌進行，按以下順序將硝酸鹽轉化為氮氣：

$$NO_3^- \rightarrow NO_2^- \rightarrow NO \rightarrow N_2O \rightarrow N_2 \qquad (1\text{-}4)$$

一氧化氮和一氧化二氮都是環境上重要的氣體。一氧化氮 (NO) 有助於煙霧，一氧化二氮 (N_2O) 是一種重要的溫室氣體，從而導致全球氣候變化。

(6) 厭氧氨氧化

微生物進行硝化作用 [(1-5) 式中 (1) → (2)] 與脫硝作用 [(1-5) 式中 (2) → (3)] 對於去除水中的氮有莫大的幫助，環境工程師也將此原理應用於廢水處理。直到 1965 年科學家才開始懷疑環境中應存在可於厭氧環境下直接脫氮之微生物 [(1-5) 式中 (1) → (3)]，稱厭氧氨氧化菌 (anammox bacteria)，而在 1985 年荷蘭學者則發現厭氧環境下將氨氮直接降解之 anammox 微生物，且歸納出厭氧氨氧化的反應過程如 (1-6) 式。式中顯示氨氮與亞硝酸鹽反應，產生氮氣、硝酸鹽及生物污泥及水等，經平衡反應式後可發現厭氧氨氧化反應消耗 1 mol 氨氮僅產生 0.066 mol 生物污泥，量體非常少，可大幅減少後續污泥的處理費用，因此是目前非常熱門的水中除氮技術。

$$NH_4^+ \rightarrow NO_2^- \dashrightarrow \boxed{NO_3^-} \rightarrow NO_2^- \rightarrow NO \rightarrow N_2O \rightarrow N_2 \qquad (1\text{-}5)$$
$$\quad (1) \qquad\qquad (2) \qquad\qquad\qquad (3)$$

$$NH_4^+ + 1.32NO_2^- + 0.066HCO_3^- + 0.13H^+ \rightarrow 1.02N_2 + 0.26NO_3^- + \qquad (1\text{-}6)$$
$$0.066CH_2O_{0.5}N_{0.15} + 2.03H_2O$$

• 環保小轉彎 •

另類總氮去思考——氮礦化

臺灣土壤大多含足夠有機質，在地下缺氧的狀態，脫硝作用預期會發生。環境中氮循環係將有機氮及氨氮 (凱氏氮)，在好氧環境轉化為亞硝酸鹽、硝酸鹽氮稱硝化作用。在缺氧環境硝酸鹽將轉化為氧化亞氮，氧化亞氮最後轉化為無毒的氮氣，此稱為脫硝作用。氮營養鹽在有機質足夠的地下缺氧環境，轉為無毒的氮氣。何嘗不是有機污染物如三氯乙烯、四氯乙烯，降解成無毒的二氧化碳及水，稱礦化作用一樣的化學反應過程。

1.2.3 磷循環 (phosphorus cycle)

　　磷 (phosphorus) 是生物體中經常存在的幾種重要化合物中最重要的成分之一。它在有機體 (核酸、核蛋白、磷脂等) 和生物體中的無機 (磷酸鹽) 形式中發生。具有骨骼的動物具有大量無機形式的磷。然而，磷通過化學肥料、排泄物和生物殘留物添加到土壤中。儘管土壤中存在大量的磷，其中無機型態不可用，但大多數植物僅以正磷酸鹽離子 (可溶性無機形式) 獲得磷。然而，當菌根存在時有助於植物獲得磷，磷的循環如圖 1.5。

　　磷是生態系統中營養的限制因子，以顆粒、離子態或錯合物的方式分布於環境之中，無法以氣體形式存在。磷的主要來源是磷酸鹽礦、灰石或鳥糞層，如 $Ca_5(OH)(PO_4)_3$ 和 $Fe_3(PO_4)_2$ 經天然風化侵蝕作用後，或人為開採磷礦過程中釋出到水域及食物鏈中，經短期循環後大部分封存於深海沉積層中，直到經過地質活動才又露出地表，其時間往往要耗時數萬年之久。磷的循環相當的封閉，在自然界大多數的情況下，植物從根部吸收磷酸鹽，動物經由攝食植物獲得，死亡後又重新回歸到土壤或再被植物所吸收，因此磷的增減在生物圈中變化十分有限。但是，隨著農業及工業的快速發展，人類大量開採磷礦作為化學肥料及原料，在農田中大量的施予磷肥，或是排放大量含磷的清潔劑等廢水，最終流入河川、湖泊或海洋，都造成水體裡頭的限制型營養鹽過剩，造成藻類大量繁殖的優養化現象，甚至引發大規模的赤潮，都會導致其他水生生物因缺氧或藻毒而死亡。此外，天然水中之磷幾乎全部以磷酸鹽的形式存在，磷酸鹽又可分為正磷酸鹽、縮合磷酸鹽及有機磷酸鹽三

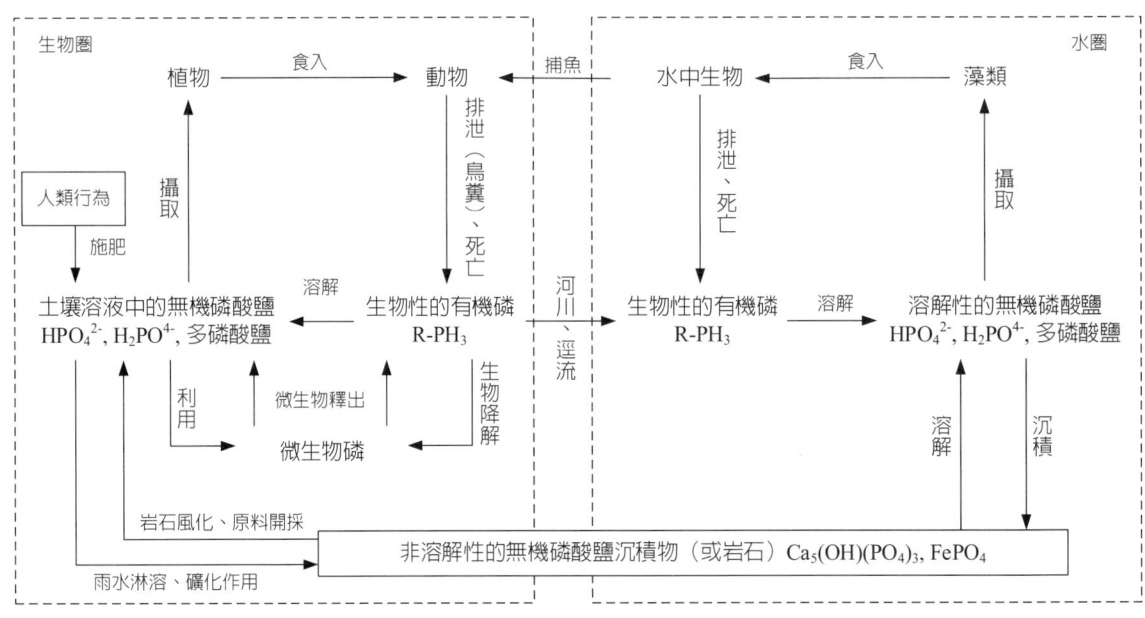

圖 1.5　磷循環

類，前兩類被歸類為無機磷酸鹽，縮合磷酸鹽又稱聚磷酸鹽，在水溶液中會逐漸水解，成為正磷酸鹽。水中磷酸鹽的形式，常和其來源有密切相關。磷在民眾使用無磷清潔劑之前，家庭污水為主要來源。磷在水中很容易形成沉澱態。另肥料中常含有高濃度的磷，所以在湖泊、水庫、埤塘及灣區等侷限水體，磷的水體水質管制相當重要。在厭氧環境下水體中的磷酸鹽濃度升高，而耗氧環境下水體中的磷酸鹽濃度降低，所以磷酸鹽濃度與環境中好氧及厭氧情況有密切關係。氮磷濃度的高低一般跟藻類滋生及優氧化有關。

1.2.4　硫循環 (sulfur cycle)

硫 (sulfur) 也是構成蛋白質和維生素的成分之一，蛋白質由含有硫原子的胺氨基酸組成。硫對於植物中蛋白質和酶的功能以及依賴植物獲取硫的動物相當重要，同時硫亦廣泛地存在於地殼礦物如煤炭、石油、天然氣等。當這些燃料被使用後，其中的二氧化硫 (sulfur dioxide, SO_2) 和硫化氫 (hydrogen sulfide, H_2S) 氣體大量排放。當二氧化硫進入大氣時，它將與氧氣反應生成三氧化硫氣體 (sulphur trioxide, SO_3)，或與大氣中的其他化學物質反應生成硫酸鹽。二氧化硫也可與水反應生成硫酸 (sulfuric acid, H_2SO_4)。硫酸也可由脫甲基硫化物產生，其通過浮游生物物種排放到大氣中。所有這些顆粒將沉澱回地球，或與雨水反應並以酸沉降回落到地球上。然後顆粒再次被植物吸收並釋放回大氣中，這樣硫循環將重新開始。硫對環境的污染主要是指硫氧化物和硫化氫對大氣的污染，如硫化羰、二硫化碳和有機硫化物；硫酸鹽，還原性硫化氫則是水體常見的硫污染物。硫的循環如圖 1.6。

水中的硫酸根離子 [或稱硫酸鹽 (sulfate), SO_4^{2-}] 係相當重要的陰離子之一，當水中硫酸根離子含量過高時，對於用水會產生不良影響，例如工業用水之 SO_4^{2-} 濃度過高時會在鍋爐及熱交換器上形成水垢，阻礙設備的熱傳導效率。然而，灌溉用水之 SO_4^{2-} 濃度過高時會使土壤酸化，造成生物及植物的危害。水中 SO_4^{2-} 濃度過高時也不宜飲用，會造成人體健康危害。此外，在厭氧及硝酸鹽環境下，硫酸鹽可在厭氧環境且無硝酸鹽的條件下，硫酸鹽可被厭氧細菌當成電子接受者，使 SO_4^{2-} 本身被還原成 S^{2-}，且依環境的 pH 值不同，S^{2-}、HS^- 及 H_2S 分別成為優勢之化學型態。當 pH 值在 8.0 以上，優勢的型態為 S^{2-}；當 pH 值逐漸下降至 8.0 左右時，優勢型態轉為 HS^-；當 pH 值下降至小於 8.0 時，HS^- 逐漸轉為以 H_2S 為主。

由於 H_2S 具有腐臭味，因此在厭氧環境裡，過高濃度的 SO_4^{2-} 會間接引起臭味，且在酸性情況下更是嚴重。硫化氫不僅是普遍的臭味來源，也是具有腐蝕性的氣體，在氧氣含量偏低的下水道管路中，廢水中的 SO_4^{2-} 容易還原產生 H_2S 氣體。當 H_2S 溢散至管路頂端時，又會發生氧化反應產生 H_2SO_4 強酸，由於 H_2SO_4 會腐蝕混凝土，因此下水道管路頂端常產生所謂的「皇冠型」腐蝕 (crown corrosion) 現象。

圖 1.6
硫循環

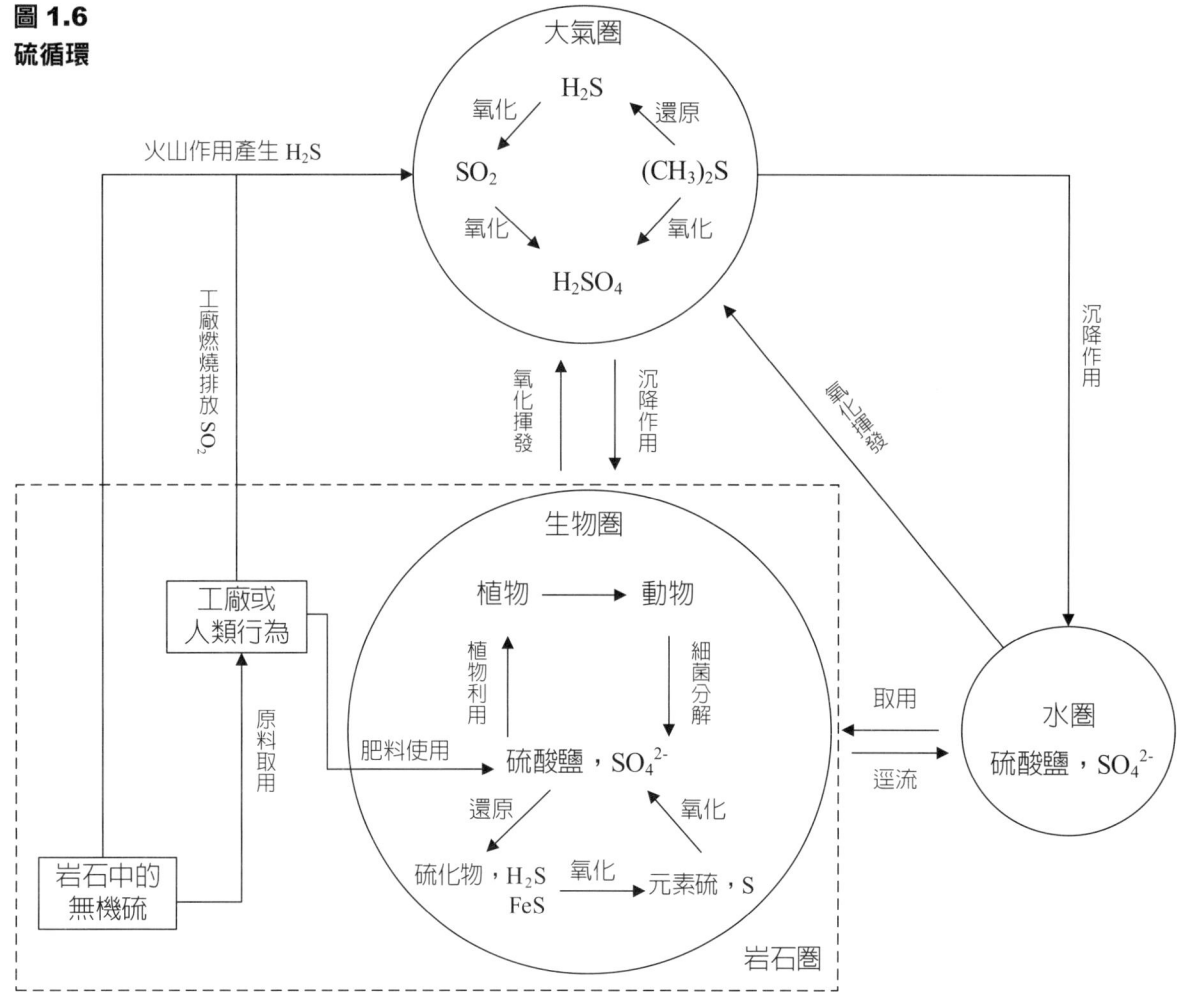

● 環保小轉彎 ●

硫循環產生臭味 H_2S

　　硫化氫容易在自然界中發現，通常是在缺氧的環境下由 SO_4^{2-} 還原轉變而來，H_2S 是臭味產生的主要來源。在日常生活中常見的家戶垃圾，若堆置過久即產生 H_2S 之腐臭味，且隨著時間增加，硫離子容易與垃圾中的重金屬產生沉澱物，如鐵 (Fe)、銅 (Cu)、鋅 (Zn)、鈣 (Ca) 產生黑色沉澱物，像硫化鐵 (FeS)、硫化銅 (CuS)、硫化鋅 (ZnS)、硫化鈣 (CaS) 等。

　　另在廢污水處理流程，活性碳吸附塔，當活性碳出現因 H_2S 累積過多臭味問題時，可以用 NO_3^- 的化合物硝酸鈉 ($NaNO_3$)，改善活性碳臭味滋生的狀況。雖然利用氧氣也能達到相同目的，但過程會產生如給水處理過濾系統反沖洗，會造成活性碳的流失，因此氧氣曝氣不適用。

　　在厭氧硝化槽中，可用 H_2S 的氣體分壓來檢定廢水是否遭受重金屬污染，當重金屬多時，硫離子 S^{2-} 易與重金屬沉澱，導致 H_2S 分壓減少。

• 環保小轉彎 •

如何證明厭氧消化系統是否遭受重金屬污泥？

只要測定消化槽硫化氫之分壓即可。其原理乃因重金屬硫化氫之溶解度關鍵因素，非常容易形成重金屬硫化物沉降所致。

• 環保小轉彎 •

去除廢水中惡臭 (硫化氫) 小秘方

廢污水處理使用活性碳吸附塔產生臭味防治之方式係針對造成惡臭 (硫化氫)，以自然界電子接受者 (序列為 O_2、NO_3^-、Fe^{3+}/Mn^+、SO_4^{2-}、CO_2) 的原理，當污染物確認主要為硫化氫，只需在逕流污水內添加硝酸鈉即可有效處理臭味之產生。主要原理為 NO_3^- 在自然界電子接受者之序列在 SO_4^{2-} 之前。

1.3 環境中的無機污染物

污染物一般可依照其化學特性分類為無機污染物 (inorganic pollutant) 與有機污染物 (organic pollutant)。無機污染物指的是非與碳元素結合且對人體健康可造成危害之各種元素及其化合物，如與各種元素相結合的氧化物、硫化物、鹵化物、酸、鹼、鹽類等。一般採礦、冶煉礦物、機械製造、建築材料、化學工廠等工業排出的污染物大多為無機污染物。硫、氮、碳的氧化物和一些金屬粉塵是大氣中主要的無機污染物來源，直接危害人體和生態系統，各類酸、鹼和鹽類的排放則是造成水質惡化的元凶。其他無機污染物如金屬元素 (砷、鎘、汞、鎳、砷、鉻、銻、鉈、鉛和石棉等) 都具毒性與累積性，容易透過食物鏈蓄積在不同的生物體內，引起各種症狀，造成危害。某些金屬元素或其化合物具致癌作用，如鈹、羰基鎳、六價鉻及石棉等。不同價態的元素，其毒性也不一樣，例如六價鉻毒性大於三價鉻、三價銻大於五價銻、三價砷大於五價砷、高價釩毒性大於低價釩。汞、硒、銻等的化合物毒比其他元素狀態的毒性要高。無機污染物在環境中遷移、轉化、參與並干擾各種環境化學過程和物質循環過程，以下依序介紹各類無機污染物之來源與其危害。

1.3.1 水中的鹽類污染物

(1) 氮鹽

在前面的章節我們介紹了自然界中氮的循環，也明白氮是生物體維持生命所必

需的元素。但當氮的含量超過一定限值時，會對生物體造成生命上的危害。水體中最常見的氮污染物為氨氮 (NH_4-N)、硝酸鹽氮 (NO_3-N) 以及亞硝酸鹽氮 (NO_2-N)，其中氨氮是最主要的存在形式，氨氮指的是以游離氨和離子銨形成存在的氮，且毒性較強，主要來自於生活污水中含氮有機物的分解、工業廢水以及農田排水等。

　　水中的氮起初是以有機氮（蛋白質）及氨的形式存在，隨著時間的增長，有機氮逐漸轉化為氨氮，若水中存在有亞硝酸菌與硝酸菌，則氨會被氧化成亞硝酸鹽氮與硝酸鹽氮，水體中不同時間的氮型態不同，因此可作為水體受氮污染時間長短的指標。水體中若大多為有機氮及氨氮時，代表污染剛發生，危險性較高；若水體中大多為硝酸鹽氮且較少有機氮與氨氮，代表污染已發生一段時間。

　　氨氮的氧化會造成水體中溶氧 (dissolved oxygen) 濃度降低，導致水體發黑發臭，水體品質下降，對水生動植物之生長造成影響。而亞硝酸鹽則是會與人體中的血紅素交互作用產生氧化血紅症（藍嬰症），使人體中血紅蛋白無法將氧氣帶到身體的各個組織，導致皮膚及嘴唇呈現發紫症狀。嬰兒因為血紅蛋白還原酶的系統尚未發展成熟，因此發生病灶的機率又比成人高。然而亞硝酸鹽又是因硝酸鹽經微生物作用產生，因此硝酸鹽之濃度同樣被人們所注意。目前國內對於飲用水水源保護區以外之地下水硝酸鹽（以氮計）管制標準為 100 mg/L、亞硝酸鹽（以氮計）管制標準為 10 mg/L，對事業、污水下水道系統及建築物污水處理設施之放流水硝酸鹽管制標準為 50 mg/L，對飲用水中的硝酸鹽管制標準則為 10 mg/L。

(2) 氟鹽

　　氟是大自然中普遍存在的元素，是一種自然產生的氣體，來源可能自火山活動釋放至環境中，隨著風雨進入附近水源與土壤或食物來源，其容易與金屬結合成氟化物 (fluoride)，且會累積在動物骨骼或外殼中。工業上也常產生氟化物，如製造磷肥、磷酸或磷元素食會放出氟化物，磷肥工廠可能逸散出含氟化氫或四氟化矽之氣體；煉鋁及煉鋼過程因加入冰晶石與螢石助熔而產生氟化物。磚瓦、陶器及水泥在製造過程中，高溫加熱原料也會產生氟化物。氟化物常被加入飲用水、各種口腔潔淨水或牙膏中以避免牙齒發生齲齒，而現在的半導體產業、光電產業及電子零件製造業常使用具有強烈腐蝕性的氫氟酸 (hydrofluoric acid, HF) 作為晶圓的清洗劑或是蝕刻用水，以去除晶圓表面的二氧化矽層、氧化膜層等。目前已知高劑量的氟化物會影響健康，且飲用高含氟量的水可能產生慢性氟中毒。目前國際癌症研究署 (International Agency for Research on Cancer, IARC) 尚未認定氟化物為人類致癌物質，但美國環保署規定飲用水中氟化物允許含量不得超過 4.0 mg/L，而國內對於飲用水中氟化物的標準值為 0.8 mg/L，相對較為嚴格。此外，國內對於事業、污水下水道系統及建築物污水處理設施之放流水氟鹽標準訂定為 15 mg/L，對於飲用水水

源保護區以外之地下水氟鹽管制標準為 8.0 mg/L，因此必須特別注意，避免犯法。

(3) 氰鹽

氰化物 (Cyanides, CN) 一般指含有氰根 (CN^-) 的化合物，如氰化鉀 (Potassium cyanide, KCN)、氰化鈉 (Sodium cyanide, NaCN)，氰化物溶於水中均會釋放出氰根，氰根與重金屬的結合能力很強，因此會抑制酶的作用。

氰化氫或氫氰酸 (hydrocyanic acid, HCN) 則是一種無色、有些微苦杏仁味、容易揮發的劇毒液體。人體可能透過口服、吸入以及皮膚接觸等方式吸收，進入人體後將和細胞粒線體上細胞色素產生氧化反應，進而抑制細胞行呼吸作用以及阻斷 ATP 生成。若暴露在高劑量環境，很可能在短時間內使腦部及心臟受損，導致昏迷或死亡；若長期暴露在低劑量環境，可能導致頭痛、呼吸困難、嘔吐、血液變化 (血紅素上升、淋巴球數目上升) 和甲狀腺腫大等。人類曾使用氰化物作為化學武器或用來自殺、謀殺或執行死刑的判決，此外工業上也常用於電鍍、冶金、塑膠製造、船舶燻蒸等。目前美國環保署尚未認定氟化物為人類致癌物質，但美國環保署規定飲用水中氟化物允許含量不得超過 0.2 mg/L。然而國內對於飲用水中氰化物 (以 CN^- 計) 的標準值為 0.05 mg/L，同樣相對較嚴格。此外，國內對於飲用水水源保護區以外之地下水氰化物的管制標準則為 0.5 mg/L。

1.3.2 土壤及地下水污染管制標準中八大重金屬污染物

重金屬 (heavy metals) 一般泛指原子量大於鈣 (m = 40) 之金屬，或是比重大於 5 之金屬，如銅 (Cu)、鎘 (Cd)、鉻 (Cr)、汞 (Hg)、鉛 (Pb)、鎳 (Ni)、鋅 (Zn)、銀 (Ag)、鋇 (Ba)、銻 (Sb)、鐵 (Fe)、錳 (Mn)……等。而砷 (As) 與硒 (Se) 等雖不是金屬元素，但因其物理化學特性與重金屬相似，因此被稱為類金屬 (metalloid) 且常與重金屬共同討論。自然環境中原本就存在重金屬，但其濃度不至於影響人體健康及對環境造成污染。

重金屬之毒性大小取決於生物對重金屬之可利用性 (bioavailability) 以及耐受程度 (tolerance)。當重金屬之移動性 (mobility) 增加時，其生物可利用性也會隨之增加，此外，重金屬存在的型態 (species) 是影響重金屬移動性的重要因子，因此其對重金屬的毒性扮演著重要的角色。重金屬會依據環境條件的不同，以各種化學型態存在於環境介質中，當重金屬進入環境或生態系統後，會逐漸遷移、停留與累積，使得重金屬濃度不斷升高，難被分解。且因其具有富集之特性，濃度不高之重金屬，也可在底泥或土壤中累積而逐漸被生物體吸收，產生食物鏈的濃縮效應，對生態與人類造成嚴重危害。重金屬可透過飲食、呼吸或是直接接觸的路徑進入人體，但其與其他可在肝臟分解代謝而排出之毒素不同。重金屬極易積存在大腦、腎

臟等器官，逐漸損壞身體的正常功能。重金屬進入人體後，大部分會與我們體內的蛋白質、核酸結合。當重金屬與蛋白質結合時，會影響蛋白質在生物體內分泌酵素的作用，導致酵素的活性消失或減弱。此外，當重金屬和核酸結合時，會導致核酸的結構發生變化，使基因突變、影響細胞遺傳，產生畸胎或癌症。數種常見的重金屬污染物介紹如下，其致癌性分類標準如表 1.2 所示，各種金屬的致癌性分類及來源分布則彙整於表 1.3。

(1) 砷

砷 (arsenic, As) 是一種廣泛存在地殼中的自然元素，原子量為 33，在大自然中常與氧、氯、硫等元素形成無機砷化合物，如氧化砷 (三價砷)(As_2O_3)、砷酸鈉 (五價砷)($NaAs_2S_3$) 等。而在動物或植物體內的砷則容易與碳及氫形成有機砷化合物，如二甲基砷酸 (DMA) 或單甲基砷酸 (MMA)。無機砷常用於礦冶、工業之木材處理、防腐劑、殺蟲劑、農藥、化學製品、顏 (染) 料、船底處理劑、玻璃器皿、陶瓷、製革或廢棄物釋出等。有機砷常存在於海產類食物居多，對人體毒性較低，攝入體內約 1~2 天經由腎臟排出體外。無機砷對人體毒性較高，長期攝入會使人體產生烏腳病、肝病變、致癌性 (肝、皮膚、肺、膀胱)、周邊與中樞神經受損、心臟病、糖尿病與高血壓等。IARC 判定砷的致癌性為 Group 1，確定砷對人體具致癌性。美國政府工業衛生師協會 (American Conference of Governmental Industrial Hygienists, ACGIH) 對砷則未分類。砷主要存在於土壤和礦物質中，但可能透過風化作用進入大氣，或是透過淋溶作用進入水中，進而暴露於人體。砷無法被破壞，僅能被改變型態，其主要受土壤性質而影響其有效性，進而影響植物對砷的吸收。在砂質地且有機質含量較低的土壤中，植物對土壤中砷含量的反應較為敏感。目前國內對於農地砷的管制標準為 60 mg/kg，超過此一標準必須進入列管狀態，而對於白米中無機砷的限值規範為 0.2 mg/kg。

(2) 鎘

鎘 (cadmium, Cd) 是製作菸草的成分之一，也是生產工業電池、合金、油漆、

表 1.2　國際癌症研究署及美國政府工業衛生師協會之致癌性分類標準

類別	國際癌症研究署 (IARC)	類別	美國政府工業衛生師協會 (ACGIH)
Group 1	確定人體致癌	A1	確定人體致癌
Group 2A	疑似人體致癌	A2	疑似人體致癌
Group 2B	可能人體致癌	A3	動物致癌
Group 3	無法判斷為人體致癌性	A4	無法判斷為人體致癌
Group 4	非疑似人體致癌性	A5	非疑似人體致癌

表 1.3 常見的重金屬來源及其危害

名稱（縮寫）	沸點 °C	密度（水=1）	蒸氣壓 (mmHg)	IARC	ACGIH	來源	對人體危害
砷 As	613	5.72	0	1	—	肥料工廠、農藥製造業、農業活動、玻璃業	已知的人類致癌物，吸入或吞食會員危害性，為致癌物質。烏腳病、肝腎病變、皮膚癌、肺癌、膀胱癌
鎘 Cd	765	8.642	1	1	A2	電鍍業、染整業、化工廠、冶煉業、肥料工廠	已知的人類致癌物，痛痛病、肝腎病變、軟骨症及自發性骨折、前列腺癌
鉻 Cr	2,672	8.92	1	3	A4	電鍍業、染整業、皮革業、冶煉業	劇毒性、造成皮膚粗糙、肝臟受損、掉髮
銅 Cu	2,595	8.92	1	—	—	電鍍業、冶煉業、農藥製造業	肝腎病變、肺癌、中樞神經傷害
汞 Hg	357	13.5	0.0013	2B(甲基汞) 3(無機汞)	—	化工廠、農藥製造業、電池製造業	中樞神經系統受損、腎臟病變、孕婦汞中毒，易產畸形兒或智能不足的嬰兒
鎳 Ni	2,900	8.908	0	2B	A5	電鍍業、染整業、冶煉業	過敏性皮膚炎（鎳癢症），吸入後可能引起肺、鼻、咽喉和胃癌、神經病毒性、遺傳毒性、肺炎、腎和肝病變、脫髮
鉛 Pb	1,740	11.34	0	2B	A3	電鍍業、染整業、化工廠、冶煉業、電池製造業	心血管疾病、痛風、腦中風症、貧血、認知能力障礙
鋅 Zn	907	7.14	0	—	—	電鍍業、化工廠、冶煉業、肥料工廠、農藥製造業、電池製造業	過量吸入或食入可能引起頭暈和疲勞、肌肉痛、噁心、嘔吐等症狀
銦 In	2,000	7.31	0	—	—	國防軍事、航空航太、核工業	肺水腫、急性肺炎、可能對骨骼及腸胃道造成傷害
鉬 Mo	5,560	10.22	0	—	—	鋼鐵業、化工業、電子業	尿酸過多、痛風、腎臟受損、生長遲緩
鎵 Ga	1,700~2,403	5.904	0.001	—	—	半導體業	降低肺部功能、皮膚紅腫、起泡

資料來源：化學品全球調和制度危害物質數據資料：國家環境毒物研究中心。

照相材料、塑膠添加劑等的原料。鎘具有累積性，人體若長期累積鎘金屬濃度，則會造成痛痛病、呼吸道疾病等，長期遭受鎘暴露將造成嗅覺喪失、牙齦黃斑或漸成黃圈，因此必須留意在長期密閉空間裡抽菸或吸收二手菸，降低鎘的吸收量。人體腸道對鎘化合物的吸收較不容易，但鎘化合物可經呼吸道被人體吸收，積存於肝或腎臟造成危害。在 1930-1960 年間，日本富山縣神通川流域發生之痛痛病，即係由於煉鋅廠排放廢水污染周圍耕作用地與水源所致。目前 IARC 將鎘分類為 Group 1，確定會對人類產生致癌性，ACGIH 則將鎘分類為 A2，疑似人類致癌。目前國內對食米中鎘的規範限值為 0.4 mg/kg，在學者的研究中顯示，當食米中鎘的含量趨近食品衛生標準之 0.4 mg/kg 時，土壤中鎘之總量為 5.7 mg/kg，而現行食用作物農地土壤鎘的全量管制標準 5 mg/kg，因此對於穀類作物而言仍屬安全之範圍 (陳氏，2003)。

(3) 鉻

鉻 (chromium, Cr) 主要來自環境中之鉻鐵礦、工業之鉻鐵化物、合金、耐火材、電度防蝕、催化劑、油漆、染料、製革、木材防腐處理、實驗用酸洗液或氧化劑、廢棄物等釋出至環境中，且其特性較容易存在土壤與水，較不易存在於大氣。鉻較穩定的氧化價數為 +6 及 +3 價，其他的 +5、+4、+2 價則不穩定，也因此鉻對人體的影響主要分為兩種，第一種為三價鉻 (Cr^{3+})，是許多生物體中維持醣代謝的必要營養元素；另一種則是六價鉻 (Cr^{6+})，對人體具有強烈的毒性，會造成皮膚粗糙、肝臟受損，具有致癌性並會在體內累積。IARC 對於六價鉻判定為 Group 1，是人類致癌物，且當人類皮膚接觸到六價鉻時會產生潰瘍，若為敏感性皮膚，可能在微量暴露情況下就會產生嚴重的紅腫與過敏症狀。國內目前對於土壤中鉻的管制標準為 250 mg/kg，但對穀類作物鉻含量仍未有相關之管制標準。

(4) 銅

銅 (copper, Cu) 是自然環境中的金屬，常被用於製作管線、線材或金屬薄板。化學加工業、燃料燃燒、製藥、日常生活器具、農業 (硫酸銅殺菌劑) 等都可能造成銅釋放至環境中。銅在環境中容易附著在土壤有機質、黏土或其他顆粒上，例如河川中的銅約 50~80% 被吸附固定在水中懸浮固體物上，形成不溶解態。人體可能因飲用管材為銅管的水，或是接觸到銅冶煉廠的泥土而攝入過量的銅。雖然銅為人體維持健康的必需元素，其毒性對人體不具累積性危害，但吸收過量的銅仍會對人體的肝腎和中樞神經造成傷害。若以現行食用作物農地管制標準的 200 mg/kg 考慮時，葉菜類作物或是穀類作物植物體中所累積的銅仍維持一定之濃度，而當土壤中銅濃度上升至 250 mg/kg 以上時，葉菜類作物或是穀類作物植物體中所累積的銅仍

維持一定之濃度，因此，對於銅的食用作物農地管制標準應可加以放寬。銅雖然對低等之植物性浮油生物是為劇毒，但毫無人體健康風險之虞。硫酸銅常用來作為殺藻劑，但實在不應該過分強調其毒性。國內花費大筆土污基金整治人體健康風險的銅及鋅，實為耗損廣大納稅人的錢，浪費公帑。

(5) 汞

汞 (mercury, Hg) 是一種銀白色無臭味的金屬，其化學性質較為特殊，是唯一在室溫下以液態存在的金屬。汞的沸點為 357°C，在金屬中也是屬於偏低的，因此常用於製作溫度計、血壓計、電池、整流器、燈管、汞觸媒等物品，或是用於船底防藻處理等。汞容易與其他元素如氯、硫或氧結合成氯化汞、硫化汞等無機汞，例如在古代用於中藥且號稱具有調養精神、安定魂魄功用的硃砂即是硫化汞。汞也可由生物轉化作用與碳結合成有機汞 (如甲基汞)。汞主要的三種形式分別為元素汞、無機汞與有機汞，其中有機汞對人體的毒性最大，長期暴露高濃度的汞可能造成永久性的大腦損壞，及造成中樞神經系統和腎臟傷害等。而無機汞也非對人體無害，其可藉由水中微生物作用而轉成有機汞，使得對人體的毒性增加。汞具有累積性，尤其是甲基汞常累積於大型魚類或貝類中，再藉由食物鏈傳遞進入人體中。此外，與金屬結合生成的金屬汞在室溫環境下會緩慢揮發至大氣中，同樣藉由吸入途徑進入人體，造成人體危害。目前 IARC 將甲基汞分類為 Group 2B，可能人體致癌，將金屬汞或無機汞則分類為 Group 3，無法判斷為人體致癌性。即便尚無明確資料證明汞與癌症發生的直接關係，但為避免汞對人體的危害，國內仍對土壤中汞含量訂出限值 20 mg/kg (食用作物農地為 5 mg/kg)，對於地下水中汞含量為 0.02 mg/L，以保護國人健康。

(6) 鎳

鎳 (nickel, Ni) 可與其他金屬形成合金，而鎳的化合物可用於鍍鎳、製作電池或催化劑。鎳的主要污染來源為鎳電鍍工廠之廢水，其用於電鍍時多使用瓦茲鎳鍍浴，成分包含硫酸鎳及少數的硼酸與其他光澤劑。鎳離子對人體的毒性危害主要會造成細胞組織壞死，並引起過敏性接觸性皮膚炎，例如在鎳工廠作業的員工，常有慢性支氣管炎和肺功能下降的情形發生。鎳可透過食物鏈傳遞、空氣暴露與皮膚接觸等方式進入人體中，雖然美國環保署尚未完成鎳離子的致癌性評估，但是近年來的研究發現，鎳精煉廠工人的喉癌、腸癌、組織肉瘤的發生機率都有增加的趨勢。目前 IARC 將鎳分類為 2B，可能人類致癌；ACGIH 則將鎳分類為 A5，非疑似人體致癌性。國內目前針對鎳在土壤中的管制標準為 200 mg/kg，地下水 (第二類) 中的管制標準則為 1.0 mg/L。由於土壤中的有機酸、鐵鋁錳氧化物與黏土礦物表面

對鎳離子有較強的吸附力,因此其在土壤中的移動性較差,對植物危害較低 (USEPA, 2005)。

(7) 鉛

鉛 (lead, Pb) 是一種藍灰色金屬,環境中的鉛主要來自油漆、色料、彈藥、合金製品製造、電子業、醫藥、陶瓷、玻璃、鉛蓄電池製造之廢水等。人體可能因吃到含鉛食物或飲用含鉛水源導致鉛的暴露,老舊房屋的水管管線配置均使用鉛管,常導致鉛溶入水中。而油漆中也常有含鉛,油漆龜裂脫落就成了鉛的擴散。另汽油中添加之鉛化合物 (四甲基鉛、四乙基鉛),於燃燒時形成含鉛之粒狀物逸散至空氣,最後沉降至地表或因雨水清洗被帶進水體,目前國內則已禁止使用含鉛汽油。鉛具有累積性,代謝性毒性,無論是透過何種途徑進入人體內,均會影響人體的神經系統,並會使得人體的手指、腳踝虛弱,孕婦暴露過量的鉛則可能導致流產,須特別留意。目前 IARC 將鉛判定為 Group 2B,可能人類致癌;ACGIH 則將鉛判定為 A3,動物致癌。國內對於土壤中鉛的管制標準為 2,000 mg/kg (食用作物農地為 500 mg/kg),地下水 (第二類) 中鉛的管制標準為 0.1 mg/L。當土壤中鉛濃度上升至 1,000 mg/kg 時,穀類及葉菜類所累積之鉛濃度更會分別上升至 5 mg/kg 及 40~50 mg/kg,遠高於各國的容許限量或是最大容許量,同時也超過國內穀物鉛含量的限值 0.2 mg/kg,因此農地中鉛污染的預防特別重要。

(8) 鋅

鋅 (zinc, Zn) 是地殼中最常見的元素之一,其化合物可用於工業之鐵金屬鍍鋅防鏽、合金、電池、農藥、觸媒、橡膠、紡織、油漆、色料、油墨、化妝品、肥料製造等。鋅亦為人體所必需之身體微量元素之一,但若食入大量的鋅 (約 300 mg 以上) 會出現腸胃不適、頭痛、視覺受影響等症狀,嚴重者可能休克。IARC 與 ACGIH 皆未將鋅歸類為具致癌性。鋅離子 (Zn^{2+}) 在土壤溶液中容易與氫氧離子、碳酸鹽、磷酸鹽、硫酸鹽、鉬酸鹽或其他陰離子產生鋅化合物而沉澱而降低移動性。然而,當鋅離子遇到有機酸時 (腐植酸、黃酸) 則會與之結合而增加移動性。當種植於鋅濃度為 600 mg/kg 之土壤中,穀類作物穀粒累積之鋅濃度會在 50 mg/kg 以下,尚未達到穀類作物之上限值,若是以全台灣每人每天米類平均取食量 0.148 kg 加以計算 (行政院衛生署網站,2003),則每人每天攝取的鋅會在 6,500 μg,因此對於目前食用作物農地管制標準 600 mg/kg 而言,仍可以加以放寬。電視上常標榜鋅對人體的好處,卻有人花費大筆大筆的鈔票來整治毫無毒性的鋅銅污染土壤,真是滑稽好笑,整治銅鋅污染土壤的國內專家學者應有新思維。

1.3.3　過渡金屬

(1) 銦

　　銦 (indium, In) 是元素週期表的第三族元素，原子序 49，是一種銀白色略帶淡藍色的稀散金屬，質地較鉛柔軟且延展性好，可塑性強，同時具有高沸點、低電阻、低熔點、抗腐蝕及可通過可見光反射紅外光等化學特性。自然界中的銦以很低的濃度 (0.1 ppm) 存在，其優異的特性使其常用於汽車軸承、低熔點銅焊與焊接合金、核子反應器控制棒、抗磨飛機軸承之鍍銀鋼之電鍍、放射線偵檢器、電子與半導體元件等用途。1985 年氧化銦錫 (Indium Tin Oxide, ITO) 和磷化銦半導體的研發和在電子通訊等工業上的應用，使銦的產需快速增長。除三氯化銦和硫酸銦外，其餘銦鹽在胃腸道很難被吸收，三氧化二銦經由大鼠及狗口吸收僅 0.2~0.4%。大鼠氣管內吸入或注入可溶性銦鹽，約 50% 在二週內由肺吸收，其餘存留在肺間隔、氣管和支氣管的淋巴結內長達二個月 (何鳳生等，1999)。進入至血液中的銦可與血漿蛋白結合，並轉運到軟組織及骨骼。膠體狀的銦則不與血漿蛋白結合，但可被白細胞吞噬後送到肝和脾的網狀內皮系統。進入體內的銦主要蓄積在骨骼；皮下注射銦時可大部分蓄積在皮膚和肌肉內；腹腔注射銦時可大部分蓄積在腸系膜和肝臟，然後轉移到脾、腎和骨骼。進入體內的銦主要經尿及糞從體內排出。IARC 將銦歸類為 Group 2A，疑似人類致癌，而其化合物 (如砷化銦) 則尚未被歸類。國內對於地下水中銦濃度的管制標準為 0.7 mg/L，製程中使用含銦原料之行業必須進行檢測。

(2) 鉬

　　鉬 (molybdenum, Mo) 元素之原子序 42，是一種銀白色金屬，質地硬而堅韌，人體中各種組織都含有鉬元素，是人體及動植物必需的微量元素。鉬常用於生產射線管、燈絲、螢光屏、收錄機、玻璃以及金屬焊接等。氧化鉬和鉬酸鹽是化學和石油工業中的優良催化劑，而二硫化鉬則是航太與機械工業重要的潤滑劑。依據美國研究調查顯示，在公共供水中鉬濃度範圍平均值為 1.4 μg/L；在 15 條主要河流中被檢測出約 32.7% 的地表水含有，平均濃度為 60 μg/L，濃度介於 2~1,500 μg/L (Kopp et al., 1967)。鉬在飲用水的品質濃度通常不超過 10 μg/L，研究顯示在鉬礦區水中鉬的濃度可高達 200~580 μg/L 的濃度 (Chappell, 1973)。根據研究調查顯示，成年男性鉬的攝取量估計為 240 μg/d，婦女為 100 μg/d (Tsongas et al., 1980；Pennington et al., 1989；Greathouse et al., 1980)。鉬是動物以及人體的必需微量元素，美國建議的安全和適宜的攝入量如下：嬰兒為 0.015~0.04 mg/day；1~10 歲為 0.025~0.15 mg/day；10 歲以上為 0.075~0.25 mg/d (NAS, 1989)。IARC 與 ACGIH 皆並未將鉬歸類為具致癌性。國內對於地下水中鉬濃度的管制標準為 0.7 mg/L，製程

中使用含鉬原料之行業必須進行檢測。對前蘇聯高鉬區三個居民調查顯示，高濃度鉬的攝入 (10-15 mg/day) 引起痛風樣病，發病率為 18~31% (Koval'skij, 1961)。

(3) 鎵

鎵 (gallium, Ga) 元素之原子序 31，質地柔軟富延展性，固態時為青灰色，液態時為銀白色，對人體無害，卻會改變其他金屬結構、讓金屬脆裂，熔點低到在手中就會融化成銀白色的液體，放在特殊溶液中還會像心臟一樣跳動。在我們日常包含半導體的工具中，都含有鎵這種元素的化合物。1871 年，門德列夫建立週期表時，就準確預測出「鎵」這種元素的特性，但當時鎵還未被發現，直到 1875 年，法國化學家正式在閃鋅礦中發現這個稀有金屬。此後因為它的特殊穩定性，被廣泛運用至半導體，而鎵的低熔點和高沸點 (約 2000°C)，也用來製作成高溫溫度計；相較之下，我們常用熔點最低的金屬——水銀 (−38°C) 來量測低溫。當其他金屬接觸到液態鎵時，鎵會滲入金屬的結構中，並破壞它的完整性，因而變得脆弱而容易剝裂。研究發現，當鎵被放置於硫酸與重鉻酸鹽的混合溶液中時，鎵的表面張力會變大，這時鎵會如心臟般跳動，甚至像電影中的外星生物一樣延展、活動，這些是因為表面張力變大時，鎵的形狀會產生改變，所以我們會認為鎵就像有生命一樣。

1.4 環境中的有機污染物

有機污染物是環境工程師關心的另一類污染物質，其指的是與碳元素結合且會對人體健康造成危害之化合物，同樣可分為天然有機污染物與人工合成有機污染物。天然有機污染物主要是透過生物體的代謝活動產生，如黃麴毒素、胺基甲酸甲酯、黃樟素等；人工合成有機污染物則是因工業活動的興起，如常用於工業的塑料、橡膠、清潔劑、溶劑、染料、石油化學品、藥品、食品添加劑等。舉凡烷類、烴類、烯類、酯類、醇類等化合物均是有機物的代表類型。有機污染物與無機污染物的最大差異有以下幾點：

- 有機物對水的溶解度較小
- 有機物通常具有可燃性
- 有機物熔點與沸點較低
- 有機物具有同分異構性 (isomerism)
- 有機物的型態通常為分子而非離子
- 有機物的分子量較高、反應速率較慢
- 大部分有機物可被細菌或生物所分解

水及土壤是陸源污染的最終受體，不少有機污染物釋放至環境後，使得環境品質惡化，雖然大多有機污染物可被生物所分解，但其反應速率不及人體暴露所受到的危害程度，因此環境中的有機污染物是環境工程師注重的一環。以下介紹幾種常見的有機污染物供讀者參酌。

1.4.1　石油類化合物

台灣地區本土能源較不豐富，常需由國外進口石油再經提煉成可使用之汽油與柴油，石油或稱總石油碳氫化合物 (total petroleum hydrocarbon, TPH) 是由多種碳氫化合物 (hydrocarbon) 所組成之混合物，其成分相當多樣且複雜。其碳氫化合物可依照化學結構分為脂肪族 (aliphatics) 與芳香族 (aromatics)。脂肪族即一般常見之烷類 (alkanes)、烯烴類 (alkenes)、炔類 (alkynes) 及其他與氮硫氧 (N、S、O) 物質等。芳香族則包括苯 (benzene)、甲苯 (toluene)、乙苯 (ethylbenzene)、二甲苯 (xylene)（統稱 BTEX）、萘 (naphthalene)、甲基第三丁基醚 (methyl tert-butyl ether, MTBE) 及三甲基苯 (trimethylbenzene, TMB) 等含苯環類化合物。

一般市面上常見的油品是由原油 (crude oil) 經不同程序煉製而成，其可依涵蓋之碳數範圍大致區分成三大類。第一類為輕質油品 (light oil)，其所含之碳氫化合物之碳數範圍為 C_4 至 C_{12}；第二類為中質油品 (middle oil)，其涵蓋之碳數範圍一般為 C_{10} 至 C_{24}；第三類為重質油品 (heavy oil)，碳數範圍普遍為 C_{20} 至 C_{40} 以上 (如表 1.4)。

石油類化合物中之 BTEX、MTBE 與萘等有較高的溶解性、移動性與致癌性，當其發生洩漏時，土壤顆粒表面及土壤孔隙容易因吸附或毛細作用而使污染長時間滯留於附近土壤中，導致土壤品質降低。此外，當污染物滲透至含水層時，因其密度比水小，會浮於地下水位面，故容易隨著地下水流動而擴散。尤其當滲漏之污染物量非常大時，污染物將吸附在土壤中形成非水相溶液 (non-aqueous phase liquids, NAPLs)，並緩慢脫附而形成一長期之污染源，對地下水水質造成長期之危害，同時也增加整治上之困難。常見的輕質油品污染物之特性及其危害分述如下，各種石油類污染物的結構如表 1.5。

(1) 苯

苯 (benzene) 是一種最簡單的環狀碳氫化合物，俗稱苯環，又稱芳香族 (aromatic)，分子式為 C_6H_6，環狀上的碳均以共價鍵彼此相連。苯在常溫下為無色、些微甜味、具揮發性與強烈芳香味之透明液體。苯之密度為 0.876 g/cm^3，與水接觸會浮在水面上，可與乙醚、乙醇等有機溶劑混合。苯的揮發性高，容易揮發至空氣中擴散。苯對人體具有危害性，長時間低濃度暴露會損害神經系統，產生影響人體

表 1.4　石油產物蒸餾溫度及其碳數分布表

產物名稱	蒸餾溫度 (℃)	碳數分布
汽油 (gasoline)	30~200	C_5~$C_{10~12}$
萘 (naphtha)	100~200	C_8~C_{12}
煤油、噴射機油 (kerosene and jet fuels)	150~250	C_{12}~C_{15}
柴油、重油 (diesel and fuel oils)	160~400	C_{13}~C_{27}
重燃油 (heavy fuel oils)	315~540	C_{19}~C_{45}
潤滑油 (lubricating oils)	425~540	C_{20}~C_{45}

的症狀包括聽力受損、頭痛、暈眩、昏厥、視力受損、平衡感降低等。長期重複接觸苯則會導致皮膚發炎、乾燥、呈鱗狀或起泡及引起白血症 (leukemia) 等。苯是最早被應用的化學物質，過去常被廣泛的作為溶劑使用，尤其是用於塗料和橡膠的製造，但隨著苯被發現對人體有致癌性後，目前除了少數石化業應用於溶劑外，其他應用方面已受到限制。

苯可能藉由下列三種途徑進入環境：(1) 石油管線洩漏，(2) 儲槽洩漏及 (3) 人類行為不當棄置等，一旦進入土壤環境中，會阻隔土壤水分及氧氣的傳輸，使土壤呈現還原狀態，進而降低土壤微生物之活性。若是進入植物體內，會毒害植物胚芽，使植物生長遲緩甚或是無法發芽的情形，致使作物產量降低。除此之外，更可能進一步藉由傳輸或擴散等機制來污染地下水源。苯為已知之人類致癌物，IARC 將之列為第一類 Group 1，長期 (45 年) 暴露於 1 mg/L 苯的環境下的人，其血癌致死率為未暴露之族群之 1.76 倍 (Infante, 2011)。依據「飲用水水源水質標準」，地面水體或地下水體作為自來水及簡易自來水之飲用水水源者，苯濃度不得超過 0.005 mg/L。而「飲用水水質標準」飲用水中亦不得含高於 0.005 mg/L 的苯。苯的土壤管制標準為 5 mg/kg，地下水 (第二類) 的管制標準為 0.05 mg/L。

(2) 甲苯

甲苯 (toluene) 是一種澄清、無色的液體，具有特殊氣味，分子式為 $C_6H_5CH_3$，常與苯、二甲苯添加到汽油中。甲苯會從原油與妥路香脂 (tolu) 樹自然散發出來，也是從煤製造焦煤與製造苯乙烯過程中產生的副產品。甲苯對人體危害主要為神經系統損傷，量少時亦產生疲倦、精神不集中、虛弱、似酒醉症狀、記憶力減退、反胃、食慾不振、聽力及視力降低，而大量暴露則會造成呼吸系統、中樞神經、肝及腎傷害。目前 IARC 將其分類為 Group 3，無法判斷為人體致癌性。甲苯的土壤管制標準為 500 mg/kg，地下水 (第二類) 的管制標準為 10 mg/L。

表 1.5　石油類污染物

化合物	英文名稱	分子式	化學結構
苯	benzene	C_6H_6	
甲苯	toluene	$C_6H_5CH_3$	
乙苯	ethylbenzene	C_8H_{10}	
鄰-二甲苯	ortho-xylene		o-xylene
間-二甲苯	meta-xylene	C_8H_{10}	m-xylene
對-二甲苯	para-xylene		p-xylene
三甲基苯	trimethyl-benzene	C_9H_{12}	
甲基第三丁基醚	methyl-tert-butyl ether	$(CH_3)_3COCH_3$	
萘	naphthalene	$C_{10}H_8$	

(3) 乙苯

乙苯 (ethylbenzene) 是一種具芳香味及刺激味之無色液體，可燃性較高，稍溶於水，分子式為 C_8H_{10}，主要用途為製造苯乙烯或作為溶劑之使用。乙苯辛醇與水之間的分配係數 K_{ow} 值在 BTEX 中為最大，故生物累積性最為顯著，對人體具催眠及膽酸增加作用，對神經系統則無顯著毒性。乙苯亦屬於常見之空氣污染物，主要與燃燒汽油等燃料有關。於一般水體亦可發現此物質存在，短時間暴露於乙苯會造成眼睛與喉部刺激或皮膚，若長時間暴露或暴露濃度過高，則會造成行動緩慢與頭昏、皮膚炎、皮膚龜裂、掉頭髮及腎臟、血液與睪丸之傷害。乙苯的土壤管制標準為 250 mg/kg，地下水（第二類）的管制標準為 7.0 mg/L。

(4) 二甲苯

二甲苯 (xylenes) 分子式為 C_8H_{10}，為澄清、無色的液體，沸點約為 137~140℃，液體密度為 0.864 g/cm^3(20℃)，可溶於酒精、乙醚及有機溶劑中，但不溶於水，具生物分解性。二甲苯由三種同分異構物 (isomers) 所組成，包括鄰-二甲苯 (ortho-xylene)、間-二甲苯 (meta-xylene) 及對-二甲苯 (para-xylene)。二甲苯為中樞神經抑制劑，暴露過量會導致運動失調、感覺錯亂、記憶衰退等神經行為失常現象。接觸或吸入可能造成刺激或燒傷皮膚或眼睛。其蒸氣會引起眼睛、鼻子及喉嚨的刺激性，暴露於高濃度二甲苯蒸氣中，易引起嚴重的呼吸困難、意識喪失，反常時間或反覆暴露則會引起皮膚出疹，並損害肝臟及腎臟。二甲苯的土壤管制標準為 500 mg/kg，地下水（第二類）的管制標準為 100 mg/L。

(5) 三甲基苯

三甲基苯 (trimethylbenzene, TMB) 分子式為 C_9H_{12}，包含 1,2,4-TMB 及 1,3,5-TMB，暴露在 TMB 中，會使中樞神經系統受到抑制，嚴重時甚至會失去意識或死亡。若肺部吸入 TMB 的液體，會對肺部造嚴重的損害。當皮膚接觸 TMB 時，會由肺部呼氣排出或因新陳代謝而產生水溶性化合物並由尿液中排出，而不會造成生物累積。

(6) 甲基第三丁基醚

甲基第三丁基醚 (methyl tert-butyl ether, MTBE) 是用於代替四乙基鉛 (tetra-ethyl lead, TEL) 的汽油添加劑，以提高汽油的辛烷值及抗爆性，添加的體積百分比約為 7%。MTBE 為無色透明、黏度低且具可燃性之揮發性液體，分子式為 $C_5H_{12}O$，具有特殊氣味，易溶於乙醇及醚類之特性。研究發現，MTBE 具有一定毒性，具高揮發性，在大氣中可完全以氣相狀態存在。MTBE 在大氣中之衰減很快，其在大氣

中的半衰期一般只有幾天 (約為 5~6 天)，由於醚類無法接受波長大於 290 nm 之光波，故直接光解非其重要反應。此外，其容易與水融合進而使污染團隨地下水傳輸擴散。MTBE 可經由人體的呼吸道、皮膚及消化道吸收，動物在高濃度的 MTBE 中可致癌。對小鼠的麻醉濃度為 1.0 mM，致死濃度為 1.6 mM。對人體的影響主要表現在上呼吸道、眼睛黏膜的刺激反應，長期接觸可使皮膚乾燥。目前 IARC 尚未將 MTBE 分類，而 ACGIH 則將 MTBE 分類為 A3，屬動物致癌性。對一般民眾而言，最會受到 MTBE 污染的行為乃是加油及開車。據估計，在美國使用 MTBE 汽油的地區，經空氣由人體吸入之長期平均暴露量為 1.9~5.3 μg/kg-day。目前國內針對地下水 (第二類) 中 MTBE 含量的管制標準為 1.0 mg/L。

(8) 萘

萘 (naphthalene) 是兩個苯環結合的化合物，在石油煉製成各種產品的過程中會產生萘族的碳氫化合物，因此在油品污染的場址的土壤與地下水中也經常發現萘。萘在過去常用為木材保存劑或驅蟲劑，但目前這些使用方式已大量減少。在急毒性方面，直接攝入萘會造成視神經炎、水晶體混濁、脈絡膜視網膜炎及眼角膜受損等症狀，亦可能造成溶血現象及緊接著出現血紅素尿症，嚴重溶血現象可能造成高血鉀症。

萘也可能導致容易疲倦、胃口不好、臉色蒼白以及孕婦貧血 (ATSDR, 2005; Lu et al., 2005)。在致癌性方面，萘可能和咽癌及小腸癌有關 (環保署，2006)。根據動物試驗結果，美國衛生部認為萘應該是致癌物質；但 IARC 也認為，雖然具有足夠動物試驗證明萘會導致試驗動物得到癌症，但尚無充足人體證據。美國環保署在 1986 年把萘歸類為 C 類，屬於可能人類致癌物質 (ASTDR, 2005; Lu et al., 2005)。國內針對地下水 (第二類) 中萘含量的管制標準為 0.4 mg/L。

(9) 總石油碳氫化合物

國內目前已公告之石油碳氫化合物相關污染場址，土壤污染項目以總石油碳氫化合物 (total petroleum hydrocarbon, TPH) 最普遍，苯、甲苯、乙苯次之，地下水污染項目則以苯最常見。然而，TPH 並非單一化合物，而是油品中 TPH 的總計，其涵蓋了原油中所含有 C_6 至 C_{40} 的數百種化合物。因此，TPH 之毒性取決於其中所含各種成分之毒性與所占之比例多寡 (能源局，2008)。

日常生活中，有許多途徑會讓人攝入 TPH，包括懸浮於空氣中的 TPH、加油站加油泵周遭的空氣、人行道或馬路上車輛機件洩漏的油品、家中或工作場所中使用的化合物、殺蟲劑中使用的溶劑等。TPH 可以透過呼吸、飲水、進食、皮膚接觸進入人體。有些 TPH 成分進入人體後很快會被分解為無害的化合物，有些卻不

易被分解而逐漸地擴散到身體各部位。大多數 TPH 化合物會因為呼吸或排尿離開人體。

目前對 TPH 中絕大部分的化合物毒理所知有限，但其中雖含量較低卻具有較高毒性的化合物，如上述中可能影響人類中樞神經系統的苯、甲苯、乙基苯及二甲苯等，則相對有較多之研究資料。此外，TPH 中部分成分也可能影響血液、免疫系統、肝臟、胰臟、腎臟、肺臟、胎兒，如苯并 [a](benzo[a]pyrene) 和汽油，經過人體和動物研究，IARC 認定可能具有人類致癌性 (Groups 2A and 2B)。其他大多數的 TPH 成分則被 IARC 認為無法分類 (Group 3)。國內對土壤中 TPH 管制標準為 1,000 mg/kg，對地下水 (第二類) 中 TPH 含量的管制標準為 10 mg/L。

1.4.2　含氯有機污染物

國內含氯脂肪族碳氫化合物 (chlorinated aliphatic hydrocarbons, CAHs) 之污染場址有逐漸增多之趨勢，因含氯碳氫化合物污染土地之整治有相當之急迫性。常見的地下水污染物依其是否能溶於地下水而分為可溶性與不可溶性兩大類。此兩類污染物的物理化學性質不同，對環境傷害及人體健康有不同程度的影響。地下水中發現有機化合物多為非混合性污染物，以液態存在一般稱為非水相液體。CAHs 因其密度大於水，而被稱為重質非水相液體 (dense non-aqueous phase liquid, DNAPL)。CAHs 大量被使用於工業上金屬及電子零件之清洗、除脂、表面黏著及乾洗等作業，又因其比重大於水且溶解度低等特性，一旦洩漏或傾倒於地下環境中即造成長年的累積與污染，整治不容易且費時。以下介紹幾種常見的含氯有機污染物，各種含氯污染物的結構如表 1.6。

(1) 四氯乙烯

四氯乙烯 (petachloroethylene, PCE) 是一種帶有刺鼻甜氣味的易燃液體，容易揮發至空氣中，當空氣中四氯乙烯濃度大於 1 ppm 時，將可明顯聞到四氯乙烯的氣味。四氯乙烯常用於乾洗業或金屬除油，也常因人為不當使用或棄置而排放至環境中。四氯乙烯密度為 1.623 g/cm^3，較水大，因此不會浮於水面上。四氯乙烯的高揮發性也容易使人體暴露在四氯乙烯中，暴露高濃度的四氯乙烯會導致人體暈眩、噁心、意識混亂，甚至死亡。IARC 將四氯乙烯判定為 Group 2A，疑似人體致癌。ACGIH 則將四氯乙烯分類為 A3，動物致癌。目前國內對於地下水 (第二類) 中四氯乙烯含量的管制標準為 0.05 mg/L，與苯相同。

(2) 三氯乙烯

三氯乙烯 (trichloroethylene, TCE) 是一種無色帶些微甜氣味的液體，具揮發

表 1.6　含氯有機污染物

化合物	英文名稱	縮寫	分子式	化學結構
四氯乙烯	petachloroethylene	PCE	C_2Cl_4	
三氯乙烯	trichloroethylene	TCE	C_2HCl_3	
二氯乙烯	1,1-dichloroethylene	1,1-DCE	$C_2H_2Cl_2$	
	1,2-dichloroethylene	1,2-DCE		Cis-DCE　trans-DCE
氯乙烯	vinyl chloride	VC	C_2H_3Cl	
二氯乙烷	1,2-dichloroethane	1,2-DCA	$C_2H_4Cl_2$	
二氯甲烷	dichlomethane	DCM	CH_2Cl_2	

性，密度 (1.464 g/cm^3) 比水大，與水接觸後易往水的深處沉積。三氯乙烯被廣泛應用於精密機器工具洗滌脫脂、乾洗衣物或金屬表面去油脂劑、電子電路板或晶片清洗劑、有機物之萃取溶劑等工業製程中，以及日常生活用品 (例如：塗料、噴霧劑及黏著劑等)。自然環境並不會自然產生三氯乙烯，地下水中常見的三氯乙烯多是因人類生產、洩漏、惡意棄置造成。

　　三氯乙烯對人體有極大的危害，呼吸到三氯乙烯可能會造成頭痛、肺部刺激、暈眩、協調性差及注意力難以集中。嚴重時可能造成心臟功能受損、失去意識甚至

死亡。飲用到大量的三氯乙烯可能會造成噁心、肝臟損害、失去意識、心臟功能受損或是死亡。長期飲用到少量的三氯乙烯可能會造成肝臟和腎臟的損害、心臟功能受損、免疫系統受損及懷孕婦女的胎兒成長受損，雖然有些影響程度目前還不清楚，但 IARC 將三氯乙烯歸類為 Group 2A，很可能人類製癌性，ACGIH 也將三氯乙烯歸類為 A2，疑似人類致癌物。有些研究指出，長期暴露三氯乙烯會增加癌症發生的機率。目前國內對於地下水 (第二類) 中三氯乙烯含量的管制標準為 0.05 mg/L，與四氯乙烯相同。

(3) 二氯乙烯

二氯乙烯 (dichloroethene, DCE) 是一具有同分異構物的化合物，可依氯離子與碳的鍵結位子分成 1,1- 二氯乙烯與 1,2- 二氯乙烯。1,1- 二氯乙烯為無色透明液體，不會於環境自然生成，常用於製作特定的塑膠品 (如保鮮膜)，也因其常使用於工業，時常可見工廠周邊土壤或地下水受 1,1- 二氯乙烯污染。1,1- 二氯乙烯會影響人體的中樞神經系統，吸入高濃度的 1,1- 二氯乙烯後可能會立即喪失呼吸功能而暈厥，慢性吸入低濃度的 1,1- 二氯乙烯則會損害神經系統與內臟等器官。IARC 對 1,1- 二氯乙烯判定為 Group 3，無法判斷為人體致癌性，ACGIH 同樣也將之分類為無法判斷人體致癌性的 A4 族群。

1,2- 二氯乙烯可依其結構再細分為順式 (cis) 與反式 (trans)，目前的研究認為，1,2- 二氯乙烯的毒性較 1,1- 二氯乙烯小，但當吸入高濃度的 1,2- 二氯乙烯仍會使人覺得噁心，頭腦昏沉與疲勞，吸入的劑量過高的 1,2- 二氯乙烯也同樣可能導致死亡。目前 IARC 及 ACGIH 對 1,2- 二氯乙烯均未分類，而國內對地下水中 1,1- 二氯乙烯的管制標準為 0.07 mg/L，對順 -1,2- 二氯乙烯的管制標準為 0.7 mg/L，對反 -1,2- 二氯乙烯的管制標準為 1.0 mg/L。由地下水管制標準便可看出二氯乙烯對人體危害性的嚴重順序為 1,1- 二氯乙烯 > 順 -1,2- 二氯乙烯 > 反 -1,2- 二氯乙烯。

(4) 氯乙烯

氯乙烯 (vinyl chloride, VC) 是一種極易燃燒、無色且帶有淡淡香甜味的氣體，高溫下不穩定。自然界中並不存在氯乙烯，其係由四氯乙烯、三氯乙烯、二氯乙烯等物質經過還原脫氯過程所產生的中間產物。氯乙烯可製造出聚氯乙烯 (polyvinyl chloride, PVC)，聚氯乙烯又是製造各式的塑料製品，例如輸送管、電線、電纜塗層或包裝材料等的原料，因此工廠使用氯乙烯可見一斑。

氯乙烯的沸點為 −13.4°C，相當容易揮發，人體吸入高濃度的氯乙烯會導致暈眩甚至昏倒，吸入極高濃度的氯乙烯則可能導致死亡。IARC 已將氯乙烯歸納為 Group 1，確定為人類致癌物質，ACGIH 也將之分類為 A1，確定人類致癌。美國

環保署規定飲用水中氯乙烯的含量不得超過 0.002 mg/L。國內環保署自 107 年開始對飲用水中氯乙烯的含量規定為 0.0003 mg/L，較美國規定嚴格。此外，國內環保署對於地下水中氯乙烯的管制標準為 0.02 mg/L，較三氯乙烯嚴格。

(5) 1,2- 二氯乙烷

1,2- 二氯乙烷 (1,2-dichloroethane, 1,2-DCA 或 EDC) 為人造合成的物質，自然界中無法自行生成，具有類似氯仿氣味之無色液體，是工業製程上常用的有機溶劑。1,2- 二氯乙烷經加熱分解可產生光氣，主要用於蠟、脂肪、橡膠的溶劑，還可用於製造氯乙烯及聚碳酸酯 (polycarbonate, PC)。通常環境中可發現 1,2- 二氯乙烷，是因為工業製程中所使用的 1,2-DCA 揮發或外洩導致。

人體可能透過吸入或攝入等途徑而受到 1,2- 二氯乙烷的暴露。一旦人體吸入大量的 1,2- 二氯乙烷會導致神經系統損壞、影響肝、腎、肺等功能。動物毒性方面，1,2-DCA 會影響哺乳類動物繁殖能力，但無相關研究證實會對人體造成致癌性。因為 1,2-DCA 在化學鍵上帶有二個氯原子，所以其氧化態較含有四個氯原子之 1,1,2,2- 四氯乙烷來得低。從化學反應的觀點來看，高度氧化態的物質較容易接受電子而不易釋出電子，也較不易進行氧化反應，但因 1,2-DCA 之氧化態較低，造成環境中 1,2-DCA 化學穩定性不佳。IARC 將 1,2- 二氯乙烷歸類為 Group 2B，可能人類致癌，ACGIH 則將之分類為 A4，無法判斷為人類致癌性。目前國內針對飲用水中 1,2- 二氯乙烷含量限制為 0.005 mg/L，而對地下水中 1,2- 二氯乙烷之管制標準則為 0.05 mg/L。

(6) 二氯甲烷

二氯甲烷 (dichloromethane, DCM) 是一種帶有淡淡甜味的無色液體，其密度為 1.3266 g/cm^3，較水大，與水接觸後會陳於水的底部。二氯甲烷的溶解度為 20 g/L，較不易溶於水，其沸點則為 37.8°C 相當容易揮發。二氯甲烷也是極性較強的分子，常被用來當作工業溶劑或者是油漆清除劑，也常用於實驗室作為萃取有機物之溶劑。二氯甲烷無法自然產生，必須由人為製造。由於二氯甲烷主要會逸散於大氣中，吸入大量的二氯甲烷氣體會損害中樞神經系統，若接觸到眼睛或皮膚則會導致灼傷。目前 IARC 將二氯甲烷分類為 Group 2A，疑似人類致癌物，ACGIH 則將之分類為 A3，動物致癌。對兒童來說，美國環保署建議二氯甲烷在飲用水中的最大容許量為 10 mg/day 或連續十天每天暴露 2 mg/L。美國食品藥物管理局 (The Food and Drug Administration, FDA) 已設立標準來限制二氯甲烷在香料製造、啤酒花萃取及去咖啡因咖啡製造過程中的殘留量。目前國內針對飲用水中二氯甲烷含量限制為 0.02 mg/L，而對地下水中二氯甲烷之管制標準則為 0.05 mg/L。

1.5 台灣污染現況

1.5.1 河川污染

台灣地區河川污染可依其來源分類為事業廢水、畜牧廢水、生活污水與混合型四類，目前環保署採用河川污染指標 (River Pollution Index, RPI) 作為評估河川是否受污染的依據，RPI 指標採用四種水質參數，分別是溶氧量 (dissolved oxygen, DO)、生化需氧量 (BOD_5)、懸浮固體物 (SS) 以及氨氮 (NH_3-N) 四種來計算 RPI 的積分數值 S，各參數對應的積分數值如表 1.7，將各水質項目檢測出的濃度對照相對應的數值，再將之相加便可得知河川的受污染程度。由目前國內河川污染分類積分表可知，當積分數值 S 小於等於 2.0 時，表示河川未受污 1 染或僅受些微污染；S 值介於 2.1~3.0 間表示河川受到輕度污染；S 值介於 3.1~6.0 間表示中度污染；S 值大於 6.0 表示嚴重污染。

由環保署環境資料庫中可搜尋到台灣河川的污染狀況，本書彙整 106 年北、東台灣重要河川的污染程度如表 1.8，表中數值代表每條河川的受污染長度 (公里)，各污染程度的色條長短對應該區的河川污染長度，以便讀者視覺化了解各河川的狀況。表中可見，北台灣共有 15 條重要河川，其中受污染的前三名 (以受污染長度評比) 分別為淡水河、南崁溪以及老街溪。淡水河總計受污染的長度為 91.9 公里，占淡水河總長 28.4%，表示淡水河將近 1/3 是受到污染的情況，受污染區段中有 11.7 公里是屬於嚴重污染，比例也相對較高。受污染的第二名是南崁溪，總計受污染的長度為 30.7 公里，占南崁溪總長的 100%，表示整條南崁溪均有污染情形，其中嚴重污染的長度為 8.7 公里，占南崁溪的 28.3%、中度污染的長度為 21.5 公里，占南崁溪的 70.0%。受污染的第三名是老街溪，老街溪總長 37.1 公里，其受污染的長度為 28.7 公里，占老街溪長度的 77.4%。其主要為輕度與中度污染，分別為 8.5 公里與 18.5 公里，占 22.9% 與 49.9%。

表 1.8 也列出東台灣 10 條重要的河川，其中的立霧溪、秀姑巒溪以及花蓮溪

表 1.7　河川污染指標

水質/項目	單位	未(稍)受污染	輕度污染	中度污染	嚴重污染
溶氧量	mg/L	DO ≥ 6.5	6.5 > DO ≥ 4.6	4.5 ≥ DO ≥ 2.0	DO < 2.0
生化需氧量	mg/L	BOD_5 ≤ 3.0	3.0 < BOD_5 ≤ 4.9	5.0 ≤ BOD_5 ≤ 15.0	BOD_5 > 15.0
懸浮固體	mg/L	SS ≤ 20.0	20.0 < SS ≤ 49.9	50.0 ≤ SS ≤ 100	SS > 100
氨氮	mg/L	NH_3-N ≤ 0.50	0.50 < NH_3-N ≤ 0.99	1.00 ≤ NH_3-N ≤ 3.00	NH_3-N > 3
點數	–	1	3	6	10
污染指數積分值	S	S ≤ 2.0	2.1 ≤ S ≤ 3.0	3.1 ≤ S ≤ 6.0	S > 6.0

表 1.8　106 年台灣重要河川污染程度 (北、東部)

區域	統計區	長度	未(稍)受污染 (RPI ≤ 2.0)	輕度污染 (2.0 < RPI ≤ 3.0)	中度污染 (3.1 ≤ RPI ≤ 6.0)	嚴重污染 (RPI > 6.0)
北	蘇澳溪	8.8	8.8	0.0	0.0	0.0
北	鹽港溪	12	9.2	1.4	1.5	0.0
北	磺溪	14.5	13.8	0.2	0.5	0.0
北	福興溪	15.3	6.3	5.5	3.5	0.0
北	新城溪	18.1	16.6	0.0	1.5	0.0
北	得子口溪	19.3	11.2	3.6	4.5	0.0
北	社子溪	24.2	8.4	4.2	10.0	1.6
北	雙溪	26.8	26.8	0.0	0.0	0.0
北	南崁溪	30.7	0.0	0.5	21.5	8.7
北	老街溪	37.1	8.4	8.5	18.5	1.7
北	南澳溪	43.9	38.8	2.5	2.6	0.0
北	鳳山溪	45.4	38.9	4.1	2.4	0.0
北	頭前溪	63	55.3	2.4	5.3	0.0
北	蘭陽溪	73.1	73.1	0.0	0.0	0.0
北	淡水河系	323.4	231.5	31.5	48.7	11.7
東	吉安溪	11.4	10.2	0.3	1.0	0.0
東	美崙溪	19.6	14.6	2.8	2.2	0.0
東	太平溪	20	15.5	2.8	1.8	0.0
東	利嘉溪	37.7	30.4	6.0	1.3	0.0
東	知本溪	39.3	23.7	6.2	9.4	0.0
東	和平溪	50.7	50.7	0.0	0.0	0.0
東	花蓮溪	57.3	41.3	5.4	10.7	0.0
東	立霧溪	58.4	6.2	8.4	43.8	0.0
東	秀姑巒溪	81.2	29.1	4.9	47.2	0.0
東	卑南溪	84.4	84.4	0.0	0.0	0.0

資料來源：行政院環境保護署環境資源資料庫 (https://erdb.epa.gov.tw/ERDBIndex.aspx)

分別是受污染的前三名。最嚴重的立霧溪全長 58.4 公里，受污染長度為 52.2 公里，占總長的 89.4%，其中有 43.8 公里受中度污染。排名第二的秀姑巒溪全長 81.2 公里，受中度污染的長度為 47.2 公里、受輕度污染的長度為 4.9 公里，合計受污染長度為 52.1 公里，占總長的 64.2%。排名第三的花蓮溪總長 57.3 公里，受污染區段共 16.1 公里，表示共 28.1% 的區段受到輕度以上的污染。

河川受污染的程度往往與河川周邊的工廠、畜牧業以及民生社區的數量有關，當不當排放廢污水時，河川受污染情況就會越趨嚴重。表 1.9 彙整中台灣與南台灣的重要河川污染情形，表中可見中台灣主要是以新虎尾溪的污染情形較嚴重，嚴重

表 1.9　106 年台灣重要河川污染程度 (中、南部)

區域	統計區	河川長度（公里）				
		長度	未（稍）受污染 (RPI ≤ 2.0)	輕度污染 (2.0 < RPI ≤ 3.0)	中度污染 (3.1 ≤ RPI ≤ 6.0)	嚴重污染 (RPI > 6.0)
中	西湖溪	32.5	32.5	0.0	0.0	0.0
	新虎尾溪	49.8	0.0	0.0	36.0	13.8
	中港溪	54.1	44.2	5.1	2.6	2.3
	後龍溪	58	50.7	5.9	1.4	0.0
	大安溪	95.8	95.8	0.0	0.0	0.0
	烏溪	116.8	102.3	10.4	4.1	0.0
	大甲溪	140.2	140.2	0.0	0.0	0.0
	濁水溪	186.4	186.4	0.0	0.0	0.0
南	保力溪	14.9	8.7	5.0	1.2	0.0
	楓港溪	20.4	19.0	1.0	0.4	0.0
	率芒溪	22.3	22.3	0.0	0.0	0.0
	枋山溪	25.7	19.3	4.3	2.1	0.0
	阿公店溪	29.7	14.2	3.7	8.8	3.0
	港口溪	31.2	31.0	0.1	0.1	0.0
	四重溪	31.9	29.8	2.1	0.0	0.0
	鹽水溪	41.3	19.2	2.6	14.7	4.9
	林邊溪	42.2	33.3	0.9	4.9	3.2
	東港溪	46.9	19.7	8.9	15.8	2.5
	急水溪	65.1	30.2	5.5	19.3	10.1
	二仁溪	65.2	17.8	7.7	26.9	12.9
	朴子溪	75.7	44.4	5.8	24.1	1.3
	八掌溪	80.9	48.2	13.0	19.7	0.0
	北港溪	81.9	3.8	12.2	43.4	22.5
	曾文溪	138.5	111.0	23.8	3.7	0.0
	高屏溪	170.9	89.7	15.2	64.3	1.8

資料來源：行政院環境保護署環境資源資料庫 (https://erdb.epa.gov.tw/ERDBIndex.aspx)

污染的區段為 13.8 公里，中度污染的區段為 36 公里，合計 49.8 公里受到污染，此表示新虎尾溪全段河川的水質狀況較差，應多加留意該地區引用此水源的情況。

表 1.9 中也列出南部 17 條重要的河川，南台灣受河川受污染排名前三名分別為高屏溪、北港溪以及二仁溪，輕度以上到嚴重污染的區段分別合計為 81.3 公里、78.1 公里以及 47.5 公里。南台灣受污染河川的比例明顯較北部、東部及中部要多，統計受輕度以上到嚴重污染的區段長度大於 20 公里之河川，南台灣共 9 條，北台灣僅 3 條，東台灣僅 2 條，中台灣更只有 1 條，此情況與南台灣是工業重鎮有關，因多數工廠、畜牧業均建立在高高屏地段，因此受污染的情況較北中東嚴重。

1.5.2 土壤及地下水污染

土壤及地下水是陸地污染物洩漏的最終受體，現行的土壤及地下水污染防治採取雙門檻制，對於污染場址判定流程如圖 1.7。雙門檻制即是包含管制標準及監測標準，當土壤或地下水中污染物濃度超過監測標準，必須進行定期監測，觀察土壤品質及地下水質狀況。當濃度上升至超過管制標準時，地方環保局將要求污染行為人執行應變必要措施，限期一年內改善受污染的土壤及地下水。倘若屆時污染尚未清除，則將公告該場址為污染控制場址，要求污染行為人提送該場址污染控制計畫且據以施行。若場址於應變必要措施階段即已將污染物濃度降至污染管制標準以下，則該場址得不公告為控制場址。污染物濃度若高出管制標準數倍(約 20 倍)，並經初步評估有嚴重危害國民健康及生活環境之虞時，環保署將進行審查並將之公告為污染整治場址，要求該場址污染行為人提出污染整治計畫並據以施行。

環保署土壤及地下水污染整治基金會網站提供國內所有列管場址的資料查詢，彙整近 5 年土壤及地下水污染場址的列管資料如圖 1.8，公告列管的土壤及地下水污染控制場址共 1,367 場次，面積合計約 360 公頃，其中以污染物進行分類的話，重金屬污染物占 1,281 場次，石油類化合物占 57 場次，含氯有機物占 23 場次，戴奧辛及農藥污染占 6 場次，此可看出控制場址中重金屬污染物占了將近 94%、石油類化合物及含氯有機物分別占 4.2% 及 1.7%，戴奧辛與農藥污染場址則僅 < 1%。

圖 1.9 顯示了近 5 年列管的整治場址數量共 85 場次，其中重金屬污染物占 24 場次，石油類化合物占 28 場次，含氯有機物占 28 場次，戴奧辛及農藥污染占 5 場

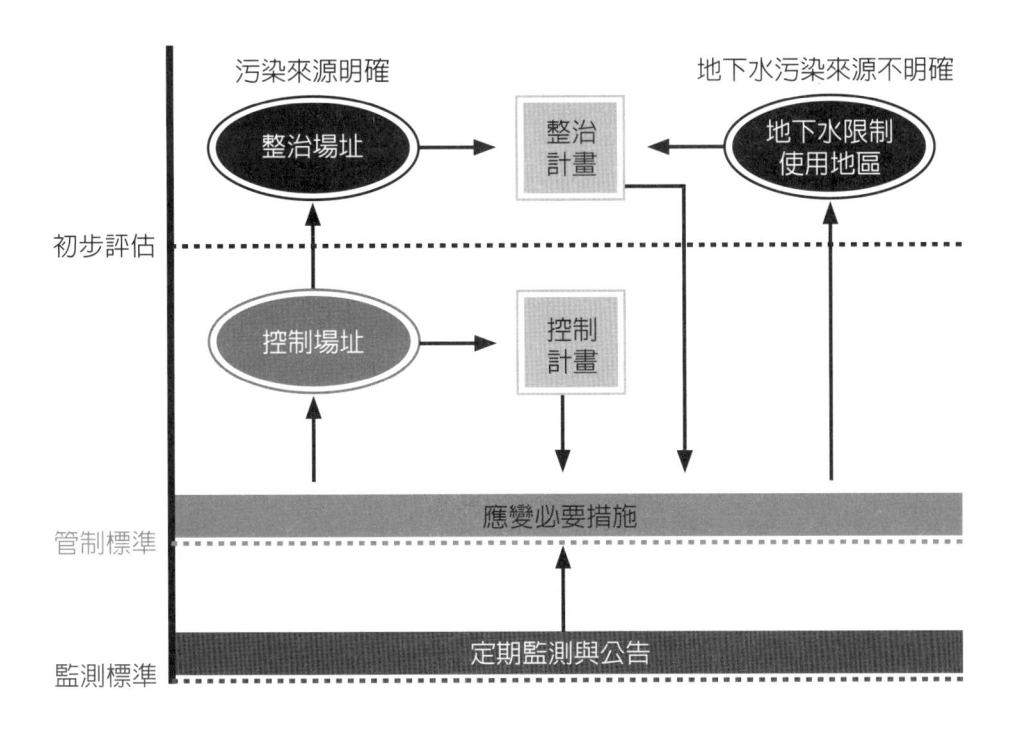

圖 1.7 土壤及地下水污染場址判定流程

圖 1.8
近 5 年土壤及地下水污染控制場址列管數量

近五年土壤及地下水控制場址

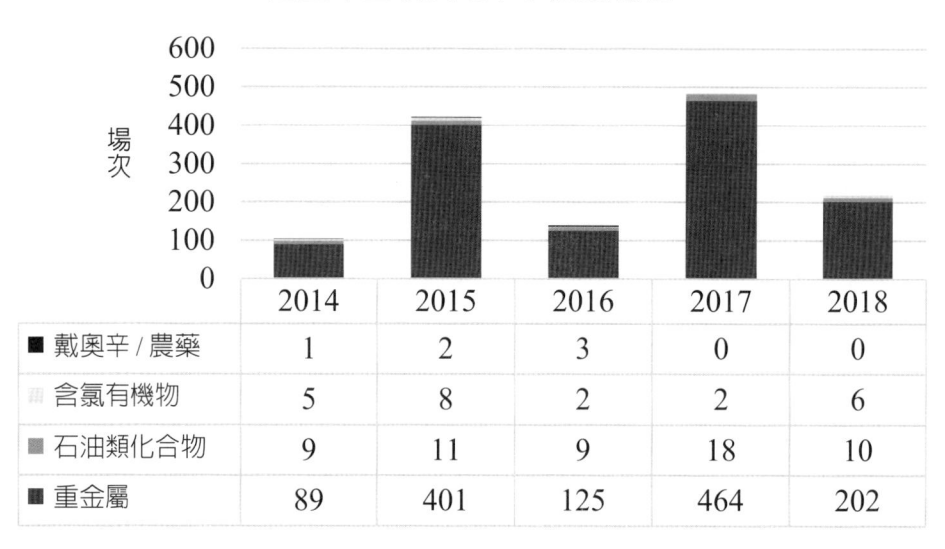

	2014	2015	2016	2017	2018
■ 戴奧辛/農藥	1	2	3	0	0
▨ 含氯有機物	5	8	2	2	6
▨ 石油類化合物	9	11	9	18	10
■ 重金屬	89	401	125	464	202

圖 1.9
近 5 年土壤及地下水污染整治場址列管數量

近五年土壤及地下水整治場址

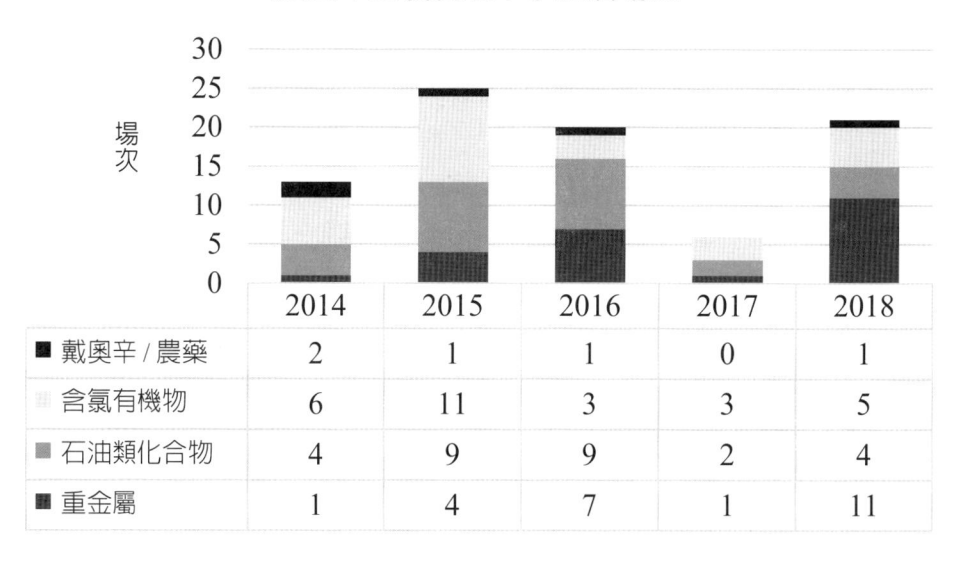

	2014	2015	2016	2017	2018
■ 戴奧辛/農藥	2	1	1	0	1
▨ 含氯有機物	6	11	3	3	5
▨ 石油類化合物	4	9	9	2	4
■ 重金屬	1	4	7	1	11

次，換算所占比例分別為 28%、33%、33% 及 6%。從整治場址數量與控制場址數量中可觀察到，整治場址中受到石油類化合物與含氯有機物污染的場址比例明顯提高，此表示土壤及地下水受石油類化合物或含氯有機物污染時情況就會相當嚴重。這可由污染物的特性推估此結果，石油類化合物普遍為 LNAPL，密度比水小，進入地下水後會浮在地下水表面，跟著地下水流而移動，造成污染團的擴散。含氯有機物普遍為 DNAPL，密度比水大，進入地下水後會持續往深層移動，不易察覺，使得當發現污染後，場址的污染狀況已發生一段時間，且較深層的污染去除也較為

困難,因此需要長期間的整治計畫來逐步改善含氯有機物的污染團。重金屬因為普遍為固體,考量其移動性較差,所以多以出現在土壤表層 (< 30 cm) 的重金屬污染情形最為嚴重,但若是非法掩埋廢棄物造成的重金屬污染,其污染深度就無此特性可做參考。

再由圖 1.10 進一步觀察不同污染類型的來源,可發現重金屬控制場址中主要有 94% 為農地受污染,其餘 5% 是工廠受污染。石油類化合物污染控制場址則有 54% 發生於加油站、32% 發生於工廠以及 7% 其他。含氯有機物控制場址則有 83% 為工廠、13% 為其他以及 4% 來自儲槽。相較於控制場址的來源分部,整治場址無論是重金屬污染、石油類污染或含氯有機物污染,其均多發現自工廠、加油站、儲槽及其他,此表示國內工廠造成的污染情形還是相對較為嚴重。

圖 1.10 中較特別的是農地受重金屬的污染情形嚴重,其潛勢主要分布於桃園、台中、彰化及高雄等地區,此揭露出台灣農地污染甚為嚴重的面貌。此結果顯示出台灣的農業型態小而密集,農業區和工業區域混雜,導致工業之廢棄物或廢水直接污染鄰近和下游農地或灌溉渠道,是農地遭受重金屬污染的主要原因。如彰化是農地污染潛勢的重點地區,除了目前所列管的污染場址外,近期又增加了多筆農

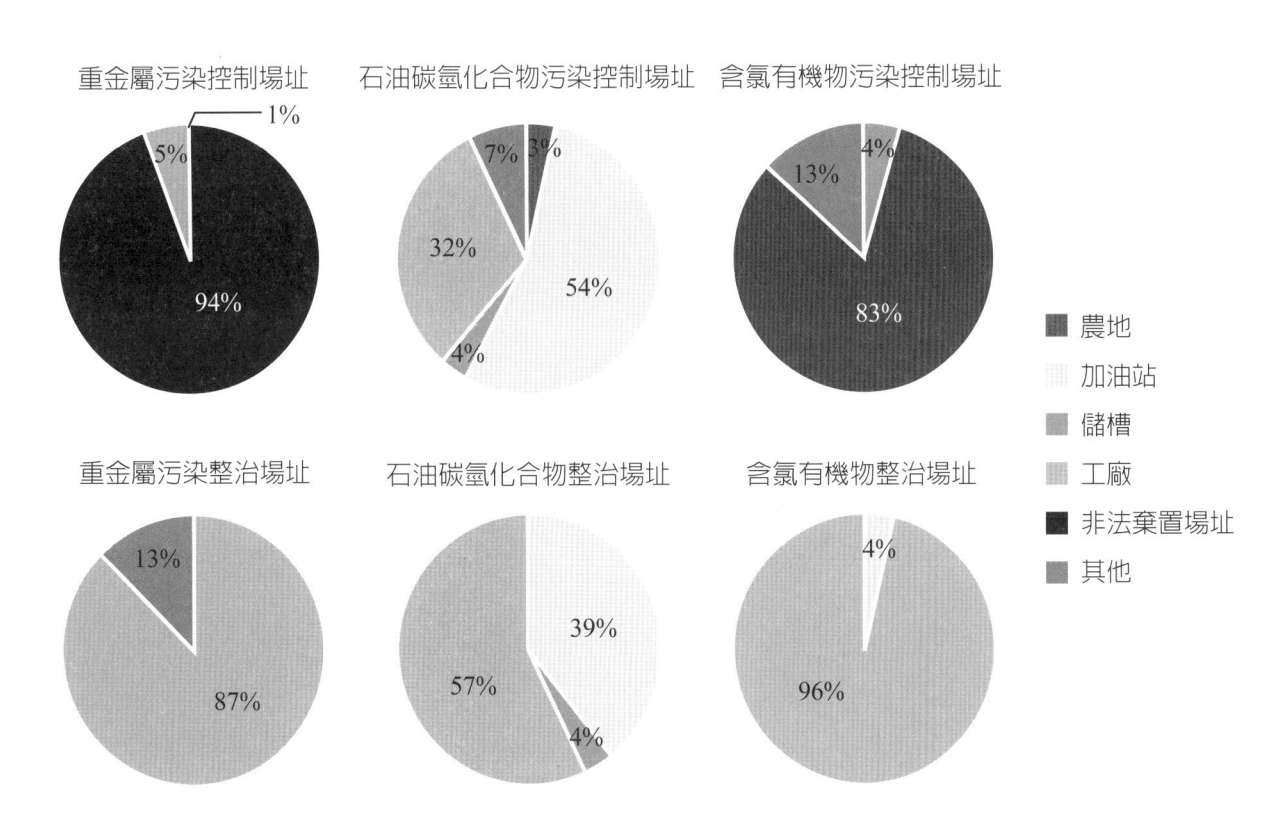

圖 1.10　近 5 年土壤及地下水污染場址污染物類型分布

地污染場數，大量農作物因重金屬污染而銷毀，受害的農民，只能依損失的作物量來獲得政府的補償費用。由於台灣農地主要耕種食用作物，一旦遭受污染，不僅造成全國上下的食安危機，這些公告列管之污染場地也必須依法停耕。而農民在停耕期間少了維持生計的收入，對他們而言是最嚴重的損失，政府也因此而增加了沉重的負擔。對此，如何有效的復育這些污染土地，或是在整治期間創造對環境、健康安全無虞的土地利用方法，將成為減緩農業經濟損失的關鍵。

Chapter 2
污染物在環境的宿命與化學作用

　　在台灣有限的土地上以密集式的使用，其包含了農漁牧業養殖、休閒遊憩、工業、垃圾焚燒或掩埋等用途，產生的污染物質在環境介質中產生交互作用，若防治不當，則可能對生活於其中的生物造成不良影響。污染物種類繁多，依來源不同可分空氣污染、污水下水道污泥、農漁牧業廢水、工業廢水、殺蟲劑或肥料不當使用等，由於這些污染物在環境中因其化學物理性質不同，藉由不同傳輸路徑分布至不同的環境介質，如空氣、地表水、土壤及地下水、沉積物或岩心等，或甚至隨著空飄或水流長程傳輸或跨越國界四散，進而影響生活環境及人體健康。污染物之分布比例有極大的差異，存在的形式又受到酸鹼值、疏水特性、溫度、自然界有機物及污染物濃度等因素的影響，而有不同傳輸、轉化與宿命。

　　蚱蜢效應 (grasshopper effect) 是指污染物尤其是持久性有機污染物 (如多環芳香烴或多氯聯苯、汞等)，在氣溫高時經由揮發進入大氣中，經由風的傳輸作用進入較低溫的區域，並藉著凝集或是降雨重新回到地表，當氣溫再度升高時，這些污染物又再度進入大氣層傳播至他處。

污染物進入環境後受到許多自然界的因素影響而產生不同的宿命，圖 2.1 顯示數種污染物進入環境的方式與後續作用。一般而言，污染物多由人類製造產生，且因惡意排放、意外傾倒、不當掩埋、地下管線儲槽老舊破損洩漏等行為進入環境中。具揮發性的污染物經過時間的推移，逐漸揮發至大氣中，並與其他空氣污染物 (NOx、Sox、TSP 等) 一同被雨水或氣溫改變而凝結沉降回至地表。惡意排放至河川或灌溉渠道的污染物，經過取水灌溉逐漸於農地累積，且逐步向地下滲漏。當污染物滲漏至地底下與土壤及地下水接觸時，開始了一連串複雜的化學反應，例如吸附 / 脫附作用、錯合 / 螯合作用、沉澱 / 溶解作用、氧化 / 還原作用，以及生化反應等等。舉例來說，汞在缺氧的水域環境為二價汞、硫化汞，但經細菌代謝後便成了毒性更高的甲基汞，又或是三氯乙烯經生物厭氧作用還原脫氯形成毒性較高的氯乙烯氣體，進而揮發至大氣等等，此些作用可能影響到環境工程師對於污染物處理方式的選擇，而了解污染物可能的宿命及轉化機制，有助於環境工程師對於不同污染物擬訂適當的整治策略，此即是本章即將說明的重點。

2.1 物質的化學反應平衡與動力

2.1.1 化學平衡──勒沙特略原理

　　化學平衡是所有化學反應的基礎，基礎的化學反應可如 (2-1) 式，A 與 B 為反應物，C 與 D 則稱為生成物。

$$A + B \rightleftarrows C + D \tag{2-1}$$

　　根據勒沙特略原理，平衡系統中的化學反應會傾向抵消任何外加因素的方向進行，外在的因素包括溫度、壓力、反應物濃度等。此表示若於一平衡系統中加入反應物，則系統會傾向將反應物消耗掉的方向進行，以達到再平衡的狀態。化學反應可由濃度的變化量計算出反應的速率，當生成物的生成速率等於反應物的消耗速率時，稱此反應達到平衡狀態。上述 (2-1) 式中，當 A 與 B 濃度增加時，反應向右進行；當增加 C 或 D 的濃度，反應向左進行 (或稱逆反應)，此種因濃度變化造成反應平衡移動即是勒沙特列原理。其中反應的平衡可用下列平衡常數 (equilibrium constant, K) 的概念表示 [如 (2-2) 式]，[ ] 代表物質的濃度，單位為 mol/L。由平衡常數方程是可知道當其中一項物質的濃度改變時，相對應其餘的三種物質濃度也會隨之變化。若將 (2-1) 式以莫耳數進行反應平衡後，K 值將改寫成 (2-3) 式。

$$K = \frac{[C][D]}{[A][B]} \tag{2-2}$$

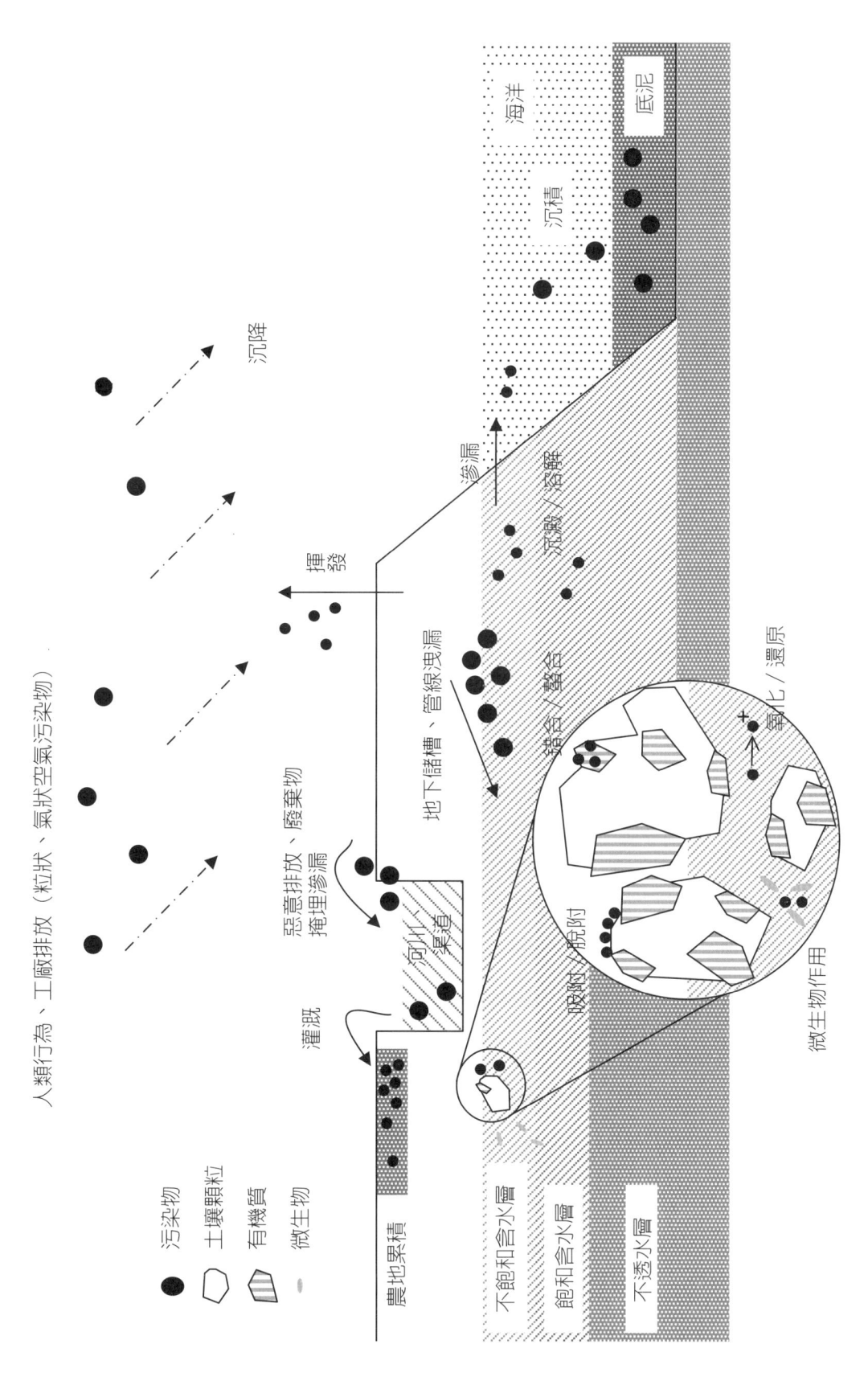

圖 2.1 污染物進入環境後之後續作用

$$aA + bB \rightleftarrows cC + dD$$

$$K = \frac{[C]^c[D]^d}{[A]^a[B]^b} \tag{2-3}$$

2.1.2 反應動力學

反應速率 (reaction rate) 指的是單位時間內物質濃度的變化，環境工程師必須了解化學反應的進行過程及其反應速率，以用來評估各項污染處理設施或工法之成效，再進一步修正與調整，達到成本最低但效果最佳之成果。一般化學反應的速率與其反應系統有關，受到反應物的種類、濃度、觸媒、周遭環境 (溫度、壓力、酸鹼度、光線強度等) 及流況 (層流或紊流) 等因子影響，因此反應速率往往需在特定情況下計算，例如定溫、定壓、定濃度條件等，才可得出較實際的反應速率數值。一般而言，反應速率的表示方式可以 2-4 式表示：

$$R = -\frac{d[A]}{dt} \tag{2-4}$$

上述 R 為反應速率，[A] 為反應物的濃度 (或生成物的濃度，因次為 ML^{-3})，t 為反應的時間，故反應速率的因次為 $ML^{-3}T^{-1}$。由此可知，若 R > 0，表示物質因反應的進行而生成；反之，R < 0，表示物質因反應的進行而減少。另一方面，當 t 為一段時間時，得到的反應速率為該段時間的平均反應速率，若 t 為一個特定的時間，得到的反應速率為該時間點的瞬時反應速率。舉例來說，若有一反應方程式如下：

$$aA + bB \rightarrow cC + dD \tag{2-5}$$

上述式中，A、B 為參與反應的物質，C、D 為反應生成的物質，小寫 a、b、c、d 各代表該物質的莫耳比，則該反應中各物質的反應速率可寫成：

$$R_A = -\frac{d[A]}{dt} \; ; \; R_B = -\frac{d[B]}{dt} \; ; \; R_C = -\frac{d[C]}{dt} \; ; \; R_D = -\frac{d[D]}{dt} \tag{2-6}$$

上述 R_A 與 R_B 分別代表著 A 與 B 物質的衰減率，R_C 與 R_D 分別代表著 C 與 D 物質的生成率。依據物質守恆定律 (即反應物的消耗率等於生成物的生成率) 及反應速率與各物質濃度之間的關係，可將反應速率寫成：

$$R = -\frac{1}{a}\frac{d[A]}{dt} = -\frac{1}{b}\frac{d[B]}{dt} = \frac{1}{c}\frac{d[C]}{dt} = \frac{1}{d}\frac{d[D]}{dt} \tag{2-7}$$

反應速率與反應物濃度的定量關係可稱為速率定律式，如下表示：

$$R = -k \times [A]^p \times [B]^q \tag{2-8}$$

其中 k 為反應速率常數 (rate constant，避免與平衡常數混淆，以小寫 k 表示)，反應的階數代表系統中各反應物濃度的指數和 (n = p + q)，其中 p、q 值不一定等於化學平衡的 a、b 值，須由實驗求得，反應的級數可為正、負、零或分數，且反應

表 2.1　不同階級反應速率表示方式

速率式	反應階數	描述
R = k	零階反應	反應速率與反應物濃度無關
R = k[A]	一階反應	反應速率與反應物濃度成正比
R = k[A][B] 或 k[A]^2	二階反應	反應速率與反應物濃度平方或不同成分反應物乘積成正比
R = k[A][B] 或 k'[A]（當 [A]>>[B]，[A] 相對 [B] 而言極大視為定值，故 k[A] = k'）	擬一階反應	反應原為二階，但當某一物質 A 的濃度遠大於另一反應物時，該物質的濃度變化並不明顯，可視為定值，因此與反應常數 k 相乘成為 k'，此時反應類似一階反應（反應物 B 的濃度隨時間呈指數遞減）
R = k[A][B][C] 或 k[A]^2[B] 或 k[A]^3	三階反應	反應速率與反應物濃度立方或三種（含）以上反應物乘積成正比

備註：表中 [A]、[B]、[C] 為反應物的濃度。

級數越大，代表反應速率受該成分之濃度變化影響越大。不同階級的反應及其描述如表 2.1。環境工程師對於不同階級的反應須有一定的了解程度，此反應動力亦可應用於微生物降解污染物的計算、高級氧化程序的反應計算、水解作用、氧化還原作用、曝氣作用等反應速率的計算。各種階級的反應將於下述討論。

(1) 零階反應

零階反應 (zero-order reactions) 的反應速率與反應物的濃度無關，意指增加反應物的濃度也不會增進反應速率，此反應的進行是均速的，反應物的濃度隨著時間呈線性遞減，如圖 2.2。零階反應的典型例子多是催化分解反應。零階反應與其速率方程式 (rate law) 為：

$$R = -\frac{d[A]}{dt} = k \tag{2-8}$$

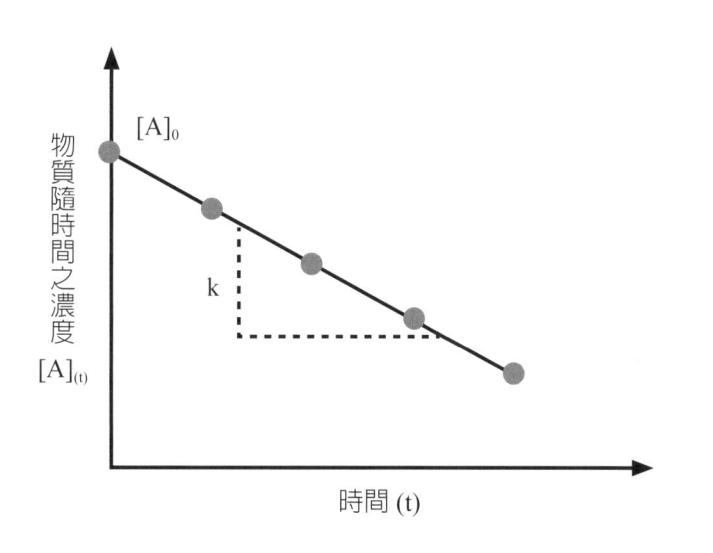

圖 2.2 零階反應物質濃度與時間示意圖

$$[A]_{(t)} = [A]_0 - kt \qquad (2\text{-}9)$$

上述 [A]$_{(t)}$ 代表反應物在時間 t 的濃度，R 代表反應速率，k 是速率常數 (單位：濃度 / 時間，因次：ML^{-3}T^{-1})。零階反應常數 k 可由實驗數據推算，將實驗量測得到的濃度與時間繪圖，並以線性回歸即可求得反應常數 k，如圖 2.3。零階反應的條件有三點：(1) 密閉系統，(2) 沒有中間產物的生成，以及 (3) 沒有副反應發生。半衰期 (Half-life, t$_{1/2}$) 指的是當反應物用掉一半時所需的時間。由 (2-9) 式可推得零階反應的半衰期為：

$$t_{1/2} = -\frac{[A]_0}{2k} \qquad (2\text{-}10)$$

由上式可知零階反應的反應物的起始濃度與半衰期成正比，也就是說，零級反應的反應物濃度愈大，則整個反應的半衰期就愈長。

(2) 一階反應

一階反應 (first-order reactions) (假設反應為：A → B) 的反應速率與反應物質的濃度 [A] 呈線性正比關係，其反應與速率方程式及積分式可寫如下：

$$R = -\frac{d[A]}{dt} = k[A] \qquad (2\text{-}11)$$

$$[A]_{(t)} = [A]_0 \times \exp(-kt) \qquad (2\text{-}12)$$

上式中，反應速率常數 k 的因次為 1/T，為反應物 A 初始濃度，亦即反應物 A 的濃度隨著時間成非線性的遞減，生成物的濃度則隨時間遞增。一階反應積分速率式為：

$$\ln[A] = -kt + \ln[A]_0 \qquad (2\text{-}13)$$

將 ln[A] 對時間 t 作圖，將得到一條斜率為 −k 的直線，如圖 2.3。由此推導出一階反應的半衰期為 (2-14) 式。一般來說，一階反應的半衰期與反應物的起始濃度無關。

$$t_{1/2} = -\frac{\ln(2)}{k} = \frac{0.693}{k} \qquad (2\text{-}14)$$

(3) 二階反應

二階反應 (second-order reactions) 有三種不同的變化，其可為單一濃度的二階反應 (反應為：A + B → C，初始 [A] = [B])，或是兩個一階反應物 (假設反應為：A + B → C，初始 [A] ≠ [B]) 的反應。分別如下介紹：

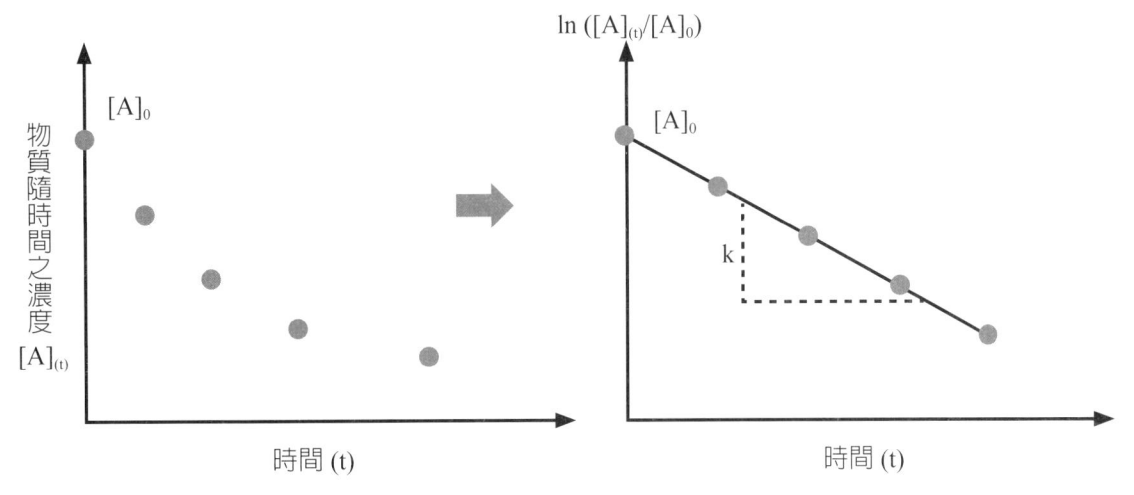

圖 2.3　一階反應物質濃度與時間示意圖

(a) 反應 A + B → C，初始 [A] = [B]

此種反應因過程中 A、B 物質的消耗程度相同，因此濃度 [A] = [B]，反應速率方程式可寫為：

$$R = k_a[A]^2 = k_b[B]^2 \tag{2-15}$$

其反應與速率積分式可寫如下：

$$\frac{1}{[A]} = k_a t + \frac{1}{[A]_0} \tag{2-16}$$

$$\frac{1}{[B]} = k_b t + \frac{1}{[B]_0} \tag{2-17}$$

將 1/[A] 對時間 t 作圖，將得到一條斜率為 $-k_a$ 的直線，如圖 2.4。由此推導

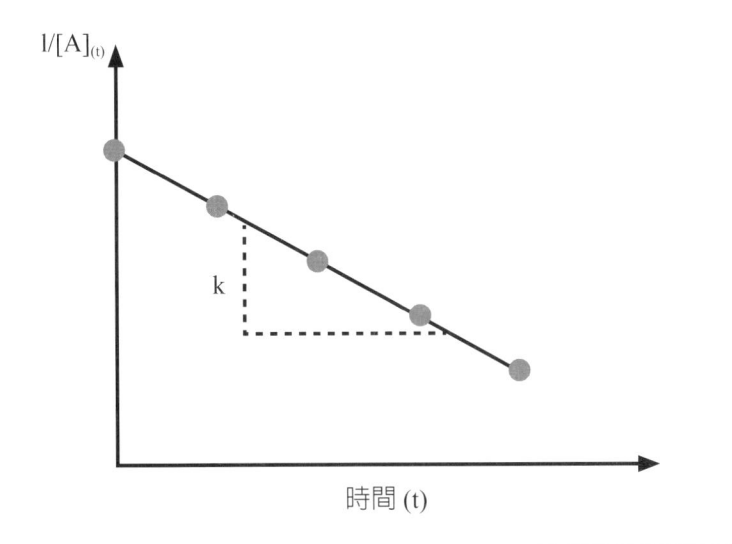

**圖 2.4
二階反應物質濃度與時間示意圖
(初始 [A] = [B])**

圖 2.5
二階反應物質濃度與時間示意圖
(初始 [A] ≠ [B])

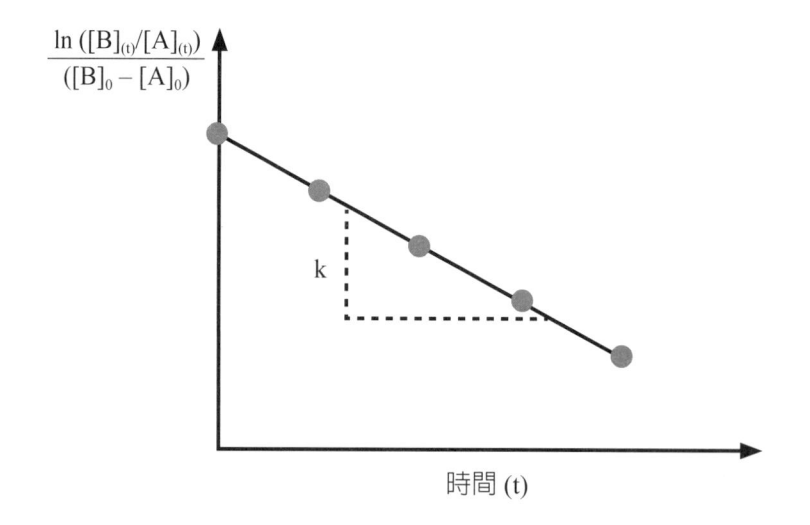

出該二階反應的半衰期為：

$$t_{1/2} = \frac{1}{k[A]_0} \tag{2-18}$$

(b) 反應 A + B → C，初始 [A] ≠ [B]

此種反應因過程中 A、B 物質的消耗程度不同，反應速率方程式可寫為：

$$R = k[A][B] \tag{2-19}$$

其反應與速率積分式可寫如下：

$$\ln\left(\frac{[B]}{[A]}\right) = ([B]_0 - [A]_0) \times kt + \ln\left(\frac{[B]_0}{[A]_0}\right) \tag{2-20}$$

將 ln ([B]/[A]) / ([B]₀ − [A]₀) 對時間 t 作圖，將得到一條斜率為 −k 的直線，如圖 2.5。

上述情況，若 B 物質濃度遠大於 A 物質時，方程式可簡化：

$$\ln[B] = ([B]_0) \times kt + \ln[B]_0 \tag{2-21}$$

亦即當某一物質濃度遠大於另一反應物時，其反應類似一階反應，或稱擬一階反應，此時反應的半衰期為：

$$t_{1/2} = \frac{0.693}{k[B]_0} \tag{2-22}$$

2.2 環境酸鹼值對污染物之影響

　　自然界水循環中之酸鹼值受碳酸鹽系統 (carbonate system) 影響甚巨，以降雨為例，空氣中的二氧化碳與雨水結合，形成碳酸 ($CO_2 + H_2O \rightarrow H_2CO_3$)，使二氧化碳在自然情況下 (非人為影響) 之 pH 值轉變為 5.65 左右，若受工業污染物之影響如硫酸鹽、硝酸鹽等，則可能成為酸雨，pH 值甚至可低至 2.0。而在環境工程上，水的 pH 值的高低扮演相當重要的角色，不僅影響了大部分化學物質種類間的分配，亦對於沉澱、化學混凝、消毒、氧化還原、腐蝕能力，溶液緩衝及水質軟化等等處理工法均有影響。因此，不論是給水、污水及生物之處理程序，pH 值的控制均相當重要。此外大部分水圈中的生物對水環境之 pH 值相當敏感，亦會改變其生物生長速率以及生態平衡等。由此可知，利用微生物處理廢水時，pH 值須調整在微生物可接受的範圍內。這也是進行傳統活性污泥池前需先通過廢水 pH 調勻池的主要原因。從永續環境的角度而言，國內環境主管機關訂定事業放流水 pH 範圍，藉由控制其 pH 值以降低人為廢水排放對環境生態之衝擊之策略。以下就酸鹼化學基本概念簡述之。

2.2.1　pH 值的概念

　　1887 年瑞典科學家 Arrhenius 首先提出游離理論，指出水分子 (H_2O) 中會解離產生氫離子 (H^+) 者為酸，氫氧根離子 (OH^-) 者為鹼。強酸與強鹼在水溶液中有較大解離行為，而弱酸與強鹼的解離度則相對小。當水分子解離時，其反應式如下：

$$H_2O \Leftrightarrow H^+ + OH^- \tag{2-22}$$

$$\rightarrow K_w = \frac{[H^+][OH^-]}{[H_2O]}, \quad K_w = [H^+][OH^-] = 10^{-14} \text{（稀溶液）} \tag{2-23}$$

　　當加酸入水中時，由於 H^+ 濃度增加，為維持水的離子積 K_w 為定值，OH^- 濃度就相對減少；反之，當加強鹼於水中時，則 OH^- 濃度增加，則 H^+ 濃度即減少。因此不管水中 H^+ 及 OH^- 濃度如何消長，其 H^+ 和 OH^- 濃度的乘積 K_w 恆為常數，莫耳濃度為 1.0×10^{-14}。

　　1909 年瑞典化學家 Soreson 首先建議以負對數值來取代較為複雜的指數表示之莫耳濃度，來表示氫離子的濃度，該方法日後廣被採用，即所謂的「氫離子濃度指數」，即 pH 值，以下式表現之：

$$pH = \log[H^+] \quad 或 \quad pH = \log\frac{1}{[H^+]} \tag{2-24}$$

同法亦可用於 pOH = −log[OH⁻]，pK_w = −log K_w，如上述式子中可知，純水為中性時，[H⁺] 和 [OH⁻] 之乘積為 K_w = 1.0×10⁻¹⁴，其 pH 值為 7.0；當溶液為酸性時，[H⁺] >10⁻⁷ M，pH 值即小於 7，pH 值則越小，其酸性越強；反之，溶液為鹼性時，[H⁺] < 10⁻⁷ M，pH 值則大於 7，意味著 pH 值越大，其鹼性越強。

而弱酸或弱鹼則有其共軛鹼以及共軛酸，其共軛酸鹼對之關係式為 pK_a + pK_b = 14 或 K_a K_b = 1.0×10⁻¹⁴（相當於 k_w），K_a = 酸平衡常數 (pK_a = −log K_a，越大酸越弱)；K_b = 鹼平衡常數。而強弱酸之分界約為 pK_a = 0.8；強弱鹼之分界約為 pK_b = 1.4。共軛酸鹼對反應式如下：

$$\rightarrow B^- + HA \rightleftarrows HB + A^- \quad (HA 與 A^- 為共軛酸鹼對) \tag{2-25}$$

    鹼 酸 酸 鹼

Ex： $HCl + H_2O \rightleftarrows H_3O^+ + Cl^-$

    酸 鹼

$$CO_3^{2-} + H_2O \rightleftarrows OH^- + HCO_3^- \tag{2-26}$$

    鹼   酸

在環境工程實務上有許多化學反應如次氯酸消毒、硫化氫的解離、氨氮的氣提處理、硬水軟化及廢水的釋出都會對水體造成 pH 值的變動，因此藉由共軛酸鹼及酸鹼基礎知識則有助於預測反應時平衡之 pH 值，以達穩定與調整廢水 pH 值之效。舉例如下：

例 2-1　氨氮氣提法

氨氮溶於水中時主要以離子銨 (NH_4^+) 與分子氨 (NH_3) 型態存在。此 2 種型態之存在比例，又以水溶液之 pH 值以及溫度之影響最大。當 pH 值越高，則分子氨之比例會逐漸增加，如下例所示，當水溶液 pH 值為 7.0 時，水中以離子態銨為大宗，而當 pH 值調整為 10.0 時，分子態氨 (氣態) 比例可達 99 % 以上。因此，可以藉由調整 pH 值，有效將水中之氨氮完全轉化為分子氨 (氣態)，然後將其從水相去除並以冷凝技術得到高純度與高濃度之濃縮氨水，或使用高濃度鹽酸噴灑捕捉形成氯化銨，以進行回收。而在生態工程處理技術上，當水體環境 pH 值偏鹼時，部分離子態氨則是藉由氣提所去除的。計算如下：

$$NH_3 + H_2O \rightleftarrows NH_4^+ + OH^-, \ pK_b = 4.74$$

$$pH = pK_a + \log \frac{NH_3}{NH_4^+}$$

$$14 = pK_a + pK_b \rightarrow pK_a = 14 - 4.74 = 9.26$$

當水溶液 pH 值為 7.0 時：

$$7.0 = 9.26 + \log \frac{NH_3}{NH_4^+} \rightarrow \log \frac{NH_3}{NH_4^+} = 7.0 - 9.26$$

$$\log \frac{NH_3}{NH_4^+} = -2.26 \rightarrow \frac{NH_3}{NH_4^+} = 5.5 \times 10^{-3}$$

當水溶液 pH 值為 10.0 時：

$$10.0 = 9.26 + \log \frac{NH_3}{NH_4^+} \rightarrow \log \frac{NH_3}{NH_4^+} = 10.0 - 9.26$$

$$\log \frac{NH_3}{NH_4^+} = 0.74 \rightarrow \frac{NH_3}{NH_4^+} = 5.50$$

例 2-2　氰化氫 (HCN) 生物毒性計算

水中氰化物如氰化氫的主要來源是一些金屬採礦過程的排放、有機化學工業、鋼鐵工廠以及公有廢水處理廠，此外多年前媒體報導有毒魚集團使用劇毒氰化鉀毒魚販售圖利。若已知未游離之氰化氫 (分子態 HCN) 對魚類有急毒性，由下列反應式可知，知分子態 HCN 之比例對水生生物毒性尤為重要且受 pH 值所影響。藉由共軛酸鹼及酸鹼基礎知識，則有助於預測在 pH 為何值時會對水中生物產生毒性。

$$HCN + H_2O \Leftrightarrow H^+ + CN^- \rightarrow k_a = \frac{\{H+\}\{CN^-\}}{\{HCN\}} = 4.8 \times 10^{-10}$$

設某水生生物之毒性濃度為 10^{-6} M，而水體濃度為 10^{-5} M 且先不考慮離子強度情況下，當 pH 值 ≤ 10.30 就會對該生物產生毒性。計算公式如下：

[HCN] = 10^{-6} M

[CN$^-$] = $10^{-5} - 10^{-6}$ = 9×10^{-6} M

$$k_a = \frac{\{H+\}\{CN^-\}}{\{HCN\}} \rightarrow \{H^+\} = 4.8 \times 10^{-10} (\frac{\{HCN\}}{\{CN^-\}})$$

$$\{x\} = [x]，[H^+] = 4.8 \times 10^{-10} (\frac{1 \times 10^{-6}}{9 \times 10^{-6}}) = 5.33 \times 10^{-11}$$

pH ≤ 10.30

2.2.2　緩衝劑

緩衝劑 (buffers) 主要作用為當在溶液中加入酸或鹼時，可阻止 pH 改變之物質。在環境工程應用上，常需利用緩衝劑以使水體環境之 pH 值維持在定值。緩衝溶液通常是弱酸與其鹽 (共軛鹼)，或弱鹼與其鹽 (共軛酸) 的混合液。在滴定中

點時，會有一最小斜率之滴定曲線，因此在此點加入定量的滴定液，其 pH 改變最小，亦即緩衝能力為最大。並可藉由反應式之 pK 來指出各種酸鹼在某 pH 值下具最有效的緩衝能力。而弱鹼與弱酸及其鹽類的緩衝能力在 pH=pK 處最大。磷酸的第二游離常數之 pK 值近於 7。因此，磷酸鹽的溶液常作為分析試驗中之中性緩衝溶液。舉例來說，於測定生化需氧量 (BOD) 時，利用磷酸鹽的溶液作為維持中性的緩衝液，此處以 KH_2PO_4 為酸，而 KH_2PO_4 與 Na_2HPO_4 為鹽，此酸的游離反應如下：

$$H_2PO_4^- \rightleftarrows H^+ + HPO_4^{2-} \tag{2-27}$$

雖然自然界或廢水中的緩衝能力大部分來自於碳酸鹽類，因此我們可利用鹼度以量測所有弱酸鹽的緩衝能力。最好的測定方法，適用標準酸或鹼作電滴定測試，並繪出 pH 值以及所加滴定液量的曲線圖。由此圖即可了解其緩衝能力以及最緩衝作用的 pH 範圍。

事實上，在廢水生物處理程序中，微生物易受外在環境的干擾導致死亡或是降低污染物處理效能，因此維持其適當之 pH 範圍就極為重要。在污水中若含有高濃度的醣類物質，就易產生有機酸類之中間產物。若是水體之緩衝能力不足，則將導致 pH 之下降，導致抑制細菌或微生物生長狀況。若系統中有甲醛生成，而緩衝能力又不足時，pH 將持續下降至 4.5 左右，而使微生物死亡。在厭氧消化系統甲烷化的階段，常會受到緩衝能力不足的限制，由於此類厭氧程序中常產生大量的有機酸，使 pH 下降，若欲維持應槽之 pH，則可加入石灰以調整其 pH 值。石灰之加入，會與二氧化碳及水結合形成 $Ca(HCO_3)_2$，此碳酸的鹽類可與有機酸類產生緩衝作用而維持消化槽之 pH。另一個例子為在氨的氧化作用過程中，會產生亞硝酸及硝酸，此時可補充石灰或氫氧化鈉以中和硝酸和亞硝酸之酸度，並維持硝化菌的生存環境。

2.2.3　環境 pH 值對重金屬污染物的影響

重金屬污染物於環境中的宿命受 pH 值高低的影響，例如土壤中的重金屬吸附量，隨著 pH 不同而改變，當 pH 上升時，土壤表面官能基 (−OH) 產生負電荷進而吸附重金屬 (Bolan et al., 2003)。相反的，低 pH 值環境下，大多數的官能基趨向帶正電荷，不利於金屬離子的吸附，使重金屬釋放於土壤溶液中的量相對增加。當土壤中的 pH < 6.5 時，則銅的脫附量將隨著 pH 降低而增加 (Bolan et al., 2003)，大多數的重金屬離子如 Cu、Zn、Cd 等在低 pH 下，溶解性較高，有利於土壤中脫附。另外的研究亦指出，無論處理前土壤之 pH 值高低，將土壤 pH 值降低後，重金屬鎘、鉛、鋅、銅、鎳、汞皆會因 pH 值的改變而增加其脫附程度 (McGwen et al., 2001; Bolan et al., 2014)。

此外，與 pH 值共同影響重金屬宿命的是氧化還原電位 (Eh)。一般而言，土壤氧化還原電位 (Eh) 會隨土壤之通氣、浸水與微生物活動等而改變。當 Eh 在 300~800 mV，屬於氧化狀態；Eh 在 118~ –141mV，則屬還原狀態。還原狀態時，土壤 pH 值會隨之升高，氧化狀態下則使 pH 值降低。pH 值和 Eh 值對鐵、錳氧化物之影響頗為明顯，當此二值下降時，鐵、錳之溶解度增加。反之，pH 值和 Eh 值上升時，鐵則會比錳優先產生沉澱。此外，在還原狀態之土壤中，硫酸根離子 (SO_4^{2-}) 因還原作用而還原成硫離子 (S^{2-})，使得重金屬陽離子產生沉澱 (例如 ZnS、HgS、CdS、CuS、FeS_2 等)(Sparks, 2003d;b;e)。

2.3 污染物的溶解與沉澱——溶解度、溶度積常數：K_{sp}

2.3.1 溶解度積概述

幾乎所有的化學物質在水中都會逐漸溶解，當其與水接觸後，物質表面的離子會逐漸移入水中，直到完全溶解或到飽和狀態為止。溶解度指的是定溫條件下，定量溶劑所能溶解物質的最大量，即稱為該物質的溶解度，單位通常為 mg/L 或 g/L，因次為 MV^{-1}，而此時溶液也稱之為飽和溶液，代號 S。然而，物質在定溫的水中溶解時，最終會成為飽和溶液。飽和溶液指的是未溶解的物質和溶解於溶劑中的物質之間建立的一種濃度動態平衡溶液。當達飽和時，溶液中各離子濃度乘積為一定值，稱此值為溶 (解) 度積常數 K_{sp}，此時溶質在溶液中的化學平衡可用公式來描述：

$$A_mB_{n(s)} \rightarrow mA_{(aq)}^{n+} + n B_{(aq)}^{m-} \quad (2\text{-}28)$$

$$K = x = \frac{[A^{n+}]^m[B^{m-}]^n}{A_mB_{n(s)}} \quad (2\text{-}29)$$

$$K \times [A_mB_{n(s)}] = [A^{n+}]^m[B^{m-}]^n \text{ (因 } A_mB_{n(s)} \text{ 為固體，可視為 1)} \quad (2\text{-}30)$$

$$K_{sp} = [A^{n+}]^m[B^{m-}]^n \quad (2\text{-}31)$$

同一鹽類之溶解度隨溫度而變，溶解度越大，其 K_{sp} 也越大：

(1) 情況一：溶解時吸熱 ($A_{(s)}$ + 熱 $\rightleftarrows A_{(aq)}$)

當溫度升高，溶解度 S 變大，溶度積 K_{sp} 變大

(2) 情況二：溶解時放熱 ($A_{(s)} \rightleftarrows A_{(aq)}$ + 熱)

當溫度升高，溶解 S 變小，溶度積 K_{sp} 變小

2.3.2 土壤環境的重金屬沉澱與溶解

重金屬污染物於土壤或水中也常發生沉澱 (precipitation) 與溶解 (dissolution) 作用，且好發於濃度較高時。當土壤溶液之 pH 值偏高且有陰離子如 SO_4^{2-}、CO_3^{2-}、OH^- 或 HPO_4^{2-} 等存在時，帶正電之金屬離子容易與之結合形成如碳酸鹽、硫酸鹽、氫氧化物、磷酸鹽和矽酸鹽等化合物，這些鹽類之化合物，因溶解度極低而產生沉澱作用 (Sparks, 2003b)。土壤溶液中的鹽類離子會與重金屬形成沉澱反應之大小，決定於鹽類化合物之溶解度積 (K_{sp}) 和土壤溶液中之離子積 (I_{sp})，當土壤溶液中之離子積大於溶解度積時，則這些鹽類便發生沉澱，反之，則發生溶解。

另外，土壤溶液中之化合物在發生沉澱時，可能與污染物結合而發生共沉澱作用，致使污染物沉澱於土壤中，例如土壤中之鐵、錳、鋁、鈣、鎂……等，當形成水合氧化物沉澱時，其邊緣表面可提供重金屬或過渡性重金屬元素之吸附位置，而將重金屬一併吸附。無論重金屬在土壤溶液中發生沉澱作用或共沉澱作用，均會降低重金屬之溶解性，同時亦會使重金屬在土壤中之移動性及生物有效性降低，減少危害。此外，吸附作用尚包括了篩捕 (sieving or trapping)，即當污染物移動至土壤中較小之孔隙時，可能被侷限於土壤顆粒或層狀矽酸鹽之層際間而滯留在土壤內 (Sparks, 2003c;a)。

土壤的 pH 值也是影響重金屬沉澱的原因之一，例如磷酸鹽/碳酸鹽之金屬沉澱物被認為是金屬沉澱礦化之機制。當土壤溶液中碳酸鹽類含量較高時，pH 值相對提高 (OH^- 較多)，與重金屬結合沉澱的效果較好；而當土壤溶液之 pH 值降低時，重金屬則容易以離子型態存在於土壤溶液中，不利沉澱 (Naidu et al., 1997; Hong et al., 2007; Ok et al., 2010)。此外，金屬離子 (M^{2+}) 在土壤溶液中經水解轉變成 MOH^+，此現象稱為水解作用。水解的程度決定於解離常數 (Ka) 及溶液的 pH 值，Ka 值越高，表示其越易水解，間接影響重金屬的沉澱效果。

2.3.3 生物淋溶作用

生物淋溶 (bioleaching) 是指利用硫細菌屬 (Thiobacillus) 的微生物，藉由空氣中的 CO_2 為碳源來合成新的細胞，以氧化還原態的基質元素硫和硫化合物 (硫化鎳、硫化鋅、硫化銅、硫化鉛等) 來獲得生長能源，最終產物為硫酸鹽。過程產酸可將重金屬溶出，故稱為淋溶法。

$$2H^+ + \frac{1}{2}O_2 + 2e^- \rightarrow H_2O$$

$$MS \rightarrow M^{2+} + S^0 + 2e^- \quad (MS: NiS, ZnS, CoS, PbS, CuS)$$

$$4FeSO_4 + O_2 + 2H_2SO_4 \rightarrow 2Fe_2(SO_4)_3 + 2H_2O$$

$$Fe_2(SO_4)_3 + MS \rightarrow MSO_4 + 2FeSO_4 + S^0$$

2.4 污染物的揮發——道爾吞分壓定律、亨利常數、拉午耳定律：K_H

環境工程師常面臨到需要把水中的揮發性有機物去除的問題，以氣提法來處理是最佳的選擇，此涉及液體與氣體間的傳輸，可利用道爾吞分壓定律、亨利定律及拉午耳定律來解決此類問題。

(1) 道爾吞分壓定律

混合氣體中各成分氣體的分壓相當於該氣體單獨存在於容器中所產生的壓力。

(2) 亨利定律

定溫條件下，一定體積的液體中所能溶解氣體的量和該氣體在液面上的壓力成正比。

$$K_H = \frac{氣相中的濃度}{水中的濃度} = \frac{P_{gas}}{C_{equil}} \tag{2-32}$$

K_H = 定溫下，該氣體之亨利常數
C_{equil} = 平衡時，氣體溶液在液體中的濃度
P_{gas} = 液面上該氣體之分壓

K_H 也可視為水和空氣之間的分配係數，其有數種形式，最常用的單位是分壓 (atm)/ 莫耳濃度 (mol/L) 或是 atm/M。當其在水和氣體的濃度均以莫耳 / 體積表示時，則亨利常數 (K_H) 即無單位。利用下列關係轉換之：

$$KH = \frac{K_H}{RT} \tag{2-33}$$

其中 R 是 0.08206 atm/M-K，而 T 是絕對溫度 (K)。亨利常數受溫度的影響很大；有機物在低溫時揮發性很低。對環境上有重要性的一些有機物其亨利常數的數值列於附錄一，K_H 的數值越高表示此化合物較喜歡分布於大氣中。一般來說，若 K_H 值為 0.2 atm/M 或 H 值為 0.01 是一重要參數值，因當 K_H (或 H) 小於此數值時，表示化合物不易從水中經氣提方式去除，而當 K_H (或 H) 大於此數值時，則表示化合物較容易藉由氣提法除去之。但值得注意的是亨利常數與溫度的關係影響較大，因此必須考量實際的溫度與採用的方法來予以修正。

(3) 拉午耳定律

在混合溶液中，某成分在氣相中的分壓 (P_i) 等於該成分在混合溶液中的莫耳分率 (X_i) 乘以其純物質時的蒸氣壓 (P^0)：

$$P_i = X_i \times P^0 \tag{2-34}$$

純物質的蒸氣壓可查詢化工手冊獲得，而莫耳分率是測量物種 i 在混合物中的濃度，數值等於該物種的莫耳數對所有物種莫耳數總和的比值：

$$X_i = \frac{n_i}{(n_1 + n_2 + n_3 + ... + n)} \tag{2-35}$$

拉午耳定律可用於計算物質在氣相中的濃度，面對高揮發性之污染物，例如苯、甲苯、四氯乙烯、三氯乙烯、氯乙烯等物質，用拉午耳定率計算混合氣體的濃度非常方便。

2.5 污染物的錯合與螯合作用

2.5.1 配位基與錯合作用

大多數金屬均會與不同形式的配位基 (ligands) 形成複合物 (或稱錯合物)(complex)，產生許多帶正電、負電或中性的物質，由於其在電荷、大小及形狀的不同，因此其化學行為也不相同，對某一特定金屬，其複合物可能對生物具有毒性，亦有些可以利用不同方法予以去除。對複合物的形成若有充分的了解，將有助於設計去除重金屬的處理系統。

由一個簡單正價離子 (通常為金屬，或稱中心金屬) 和幾個中性或陰離子配位基結合而成的化合物稱為配位錯合物 (coordination complex)。配位錯合物中是路易士酸鹼 (Lewis Acid-Base) 反應的產物，透過中心金屬與配位體以配位共價鍵 (coordinate covalent bonds) 結合。配位共價鍵是一種特殊的共價鍵 (covalent bonds)。一般的共價鍵是由兩個待鍵結原子各分別提供一個電子彼此共用，來形成共價鍵；配位共價鍵則是由兩待鍵結原子中的其中一個原子來提供兩個電子形成共價鍵結。配位共價鍵示意圖如圖 2.6 所示。

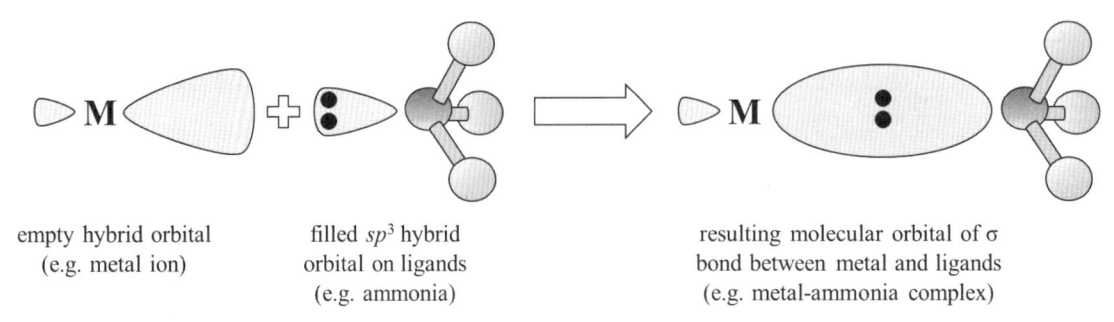

empty hybrid orbital (e.g. metal ion)

filled sp^3 hybrid orbital on ligands (e.g. ammonia)

resulting molecular orbital of σ bond between metal and ligands (e.g. metal-ammonia complex)

圖 2.6　配位共價鍵形成示意圖

配位化學中，可以齒合度 (denticity) 來描述不同的配位基，指的是配位基中心與原子鍵結數目，若僅一個配位基搭配一個金屬原子鍵結，此時齒合度為 1，此配位基又稱為單牙基 (monodentate 或 unidentate)，齒合度大於 1 之配位基稱為多牙基 (polydentate 或 multidentate)。此外，多牙基的化合物又可稱為螯合劑 (chelating agent)，與中心金屬形成之錯合物則稱為螯合物 (chelate)，多牙基可依齒合度或其官能基 (functional group) 的形式來分類。

(1) 不同齒合度之多牙基

每個多牙基都有一個或多個鍵結位置 (bonding site) 未被利用，此些位置可用於鍵結其他化學物質。如雙牙基可以兩個原子鍵結 (如乙二胺)。三牙基係用三個原子鍵結 [如三聯吡啶 (terpyridine) 或二乙二醇 (diethylene glycol)]，其鍵結方式可分為「mer」(子午線式) 與「fac」(面式)。四牙基以四個原子進行鍵結，可分為三類：線形、三角架形及環狀。如三乙四胺 (trien)。五牙基與六牙基之鍵結則以此類推。這些多牙基與金屬鍵結之錯合物，其穩定度可用穩定常數 (stability constants) 來量化，越多配位原子 (即越多牙) 與中心金屬鍵結之錯合物則越穩定。

(2) 不同官能基之多牙基

當螯合作用 (chelation) 發生時，配位體至少需含有兩個給予基 (donor) 才能與金屬離子以配位共價鍵形成配位化合物。元素具有越高的負電性越容易與金屬結合。此外，酸性或鹼性官能基中均含有給予基。在酸性官能基，結合的方式為失去一個質子並與金屬離子配位，這些官能基包括：羧酸基、磺酸根、醇基、硫醇……[–COOH、–SO$_3$H、–OH、=N–OH、–PO(OH)$_2$ 和 –SH] 等。在鹼性官能基中含有單一電子對，並能與質子或金屬離子相互作用。一般較重要的鹼性官能基有：胺基、亞胺基、酯基、酮基、醇基、醚基、硫基……(–NH$_2$、–NH、–N=、=O、=N–OH、–OH、–O–、–S–、AsR$_2$、PR$_2$) 等。

2.5.2　金屬的選擇性探討

(1) Pearson 軟硬酸鹼理論

皮爾森軟硬酸鹼理論 (Hard-Soft-Acid-Base, HSAB) 理論，是一種嘗試解釋酸鹼反應及其性質的理論 (Parr and Pearson, 1983; Pearson, 2005)。HSAB 理論目前在化學研究中得到了廣泛的應用，其提供配位化合物穩定性的判別和其反應機理的解釋。軟硬酸鹼理論的基礎是 Lewis's law (路易斯酸鹼理論)，即以電子對得失作為判定酸、鹼的標準。

軟硬酸鹼理論的概念在於將酸鹼依照電荷密度與粒子半徑（離子、原子、分子的比值分為「硬」、「軟」兩種。高比值的稱為「硬」，低比值的稱為「軟」，「硬」粒子的極化性 (polarizability) 較低，但極性較大；「軟」粒子的極化性較高，但極性較小。此理論之主旨為當所有其他因素相同時，「軟軟相近」、「硬硬相近」，亦即軟酸與軟鹼反應較快速；而硬酸與硬鹼反應較快速，生成的化合物也較穩定。如表 2.2，依據 Pearson 理論，路易士酸及鹼均可被分類為「硬」至「軟」等級。軟鹼 (或配位體) 是大分子而易被極化者，其容易貢獻電子形成共價鍵。軟酸為具有相當大半徑及低電荷的典型金屬離子。硬鹼則趨於不易極化之小分子，較少形成共價鍵，但多形成離子鍵，其易與硬酸結合，硬酸為小半徑又高電荷之典型金屬離子。

表 2.2　Pearson 硬度觀念之路易士酸及鹼的分類

分類	酸	鹼
硬	H^+, Li^+, Na^+, K^+, Mg^{2+}, Ca^{2+}, Sr^{2+}, Ti^{3+}, Cr^{3+}, Mn^{2+}, Fe^{3+}, Co^{3+}, Al^{3+}	NH_3, $R\text{-}NH_2$ (胺類) H_2O, OH^-, O^{2-}, $R\text{-}OH$ (醇類) CH_3COO^-, CO_3^{2-}, NO_3^-, PO_4^{3-}, SO_4^{2-}, F^-
邊界線	Fe^{2+}, Co^{2+}, Ni^{2+}, Cu^{2+}, Zn^{2+}, Pb^{2+}	$C_6H_5NH_2$ (苯胺和其他芳香胺類) C_5H_5N (吡啶), NO^{2-}, SO_3^{2-}, Br
軟	Cu^+, Ag^+, Cd^{2+}, Hg^+, Hg^{2+}	CN^-, CO, S^{2-}, $R\text{-}SH$ (巰基), $R\text{-}S^-$

(2) Irving-William 序列理論

　　金屬在腐植質吸附為簡單的離子交換。然而，有機質對某些金屬之高度選擇性，被表明為有些金屬直接與官能基配位 (如生成內圈錯合物)。強離子及共價鍵是在這些錯合物中生成。在 pH 5 時，典型的金屬與土壤有機質親和的順序如表 2.3 所示。表中陰電性越大之金屬，趨於與有機質生成內圈錯合物，而在後面所列的金屬則喜好於維持水合外殼及自由交換。不過有機質對金屬選擇的一致性沒有已知的法則，選擇性除了金屬本身的性質外，尚取決於幾種因子，包括：

1. 有機配位體的化學本性 (官能基型態)
2. 吸附在有機質上的濃度
3. 在吸附作用所測定的 pH (一些金屬更有效地與 H^+ 競爭，官能基的鍵結比其他強)
4. 在吸附作用所測量的溶液離子強度 (此決定與其他陽離子競爭錯合位置的強度)
5. 金屬離子的陰電性 (如表 2.3)

表 2.3　土壤有機質相之陰電性對兩價金屬離子親和力的順序

親和力序列	Cu > Ni > Pb > Co > Ca > Zn > Mn > Mg
陰電性	2.0　1.91　1.87　1.88　1.00　1.65　1.55　1.31

而 William 等人提出金屬與有機物鍵結的優先選擇順序如下，如圖 2.7 (Irving and Williams, 1953)：

$$Ba < Sr < Ca < Mg < Mn < Fe < Co < Ni < Cu > Zn$$

2.6　辛醇與水分配係數：K_{ow}、K_{oc}

辛醇 - 水分配係數是指有機化合物在正辛醇和水兩相中的分配比值，可預測一些有機物物理化學上的性質。分配係數的數值越大，可反映有機物在有機相中溶解度越大，即在水中的溶解度越小，也可被認為是相較疏水。相反若是分配係數的數值越小，則代表該化合物亦存在於水相，較為親水。辛醇 - 水分配係數是預測與評估有機化合物在環境中傳輸的關鍵參數之一，由於該數值表示了化合物分配在有機相 (如土壤、顆粒、生物體) 和水相之間的傾向，若化合物具有較低的 K_{ow} 值 (如小於 10)，則被認為是比較親水性的且具有較高的水溶性，對於存在於土壤、顆粒及生物體之分配會較小，在生物體中的富集因子 (Bioconcentration Factors, BCF) 相對較小。BCF 愈大，則表示該化合物親脂性高，易從環境中轉移至生物體中，且較難排除。若應用於藥學工業上，多也使用藥物的 K_{ow} 以評估它的活性化 (K_{ow} 較高，活性較大)，在活的有機體的脂肪、脂質等組織中，有機化合物的生物濃縮作

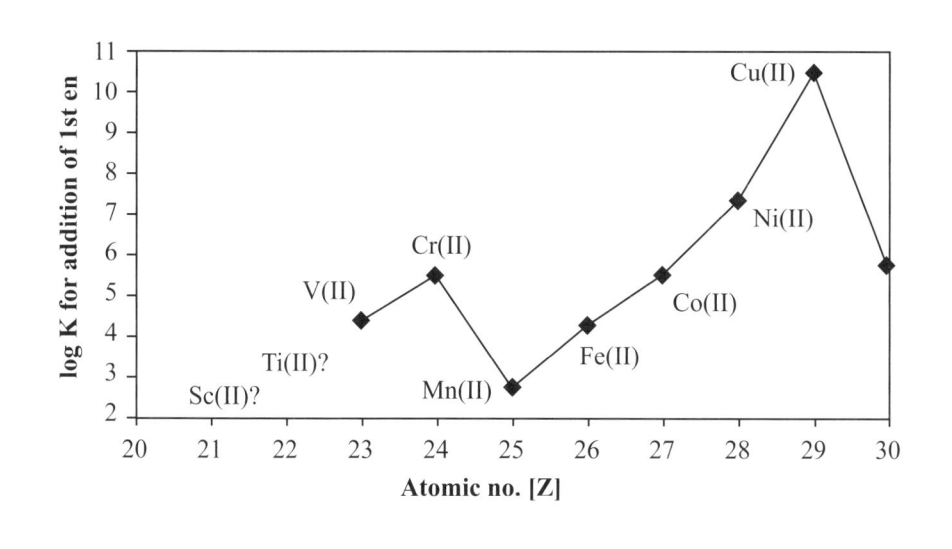

圖 2.7　Irving-William 序列

用就與 K_{ow} 有關聯。值得注意的是，亨利常數、K_{ow}、溶解度的值在使用時必須考量其現實環境，因為在不同的條件其計算之比值會有很大差異。

辛醇-水間分配係數通常用來代表化合物之疏水性 (hydrophobic)。然而疏水的意思則表示「憎水」，化合物的疏水性是實際上測量其在水中之溶解度 (代表不喜歡水的程度)。通常，化合物的 K_{ow} 數值高，其對水的溶解度小。例如，農藥 DDT 的 K_{ow} 高達 $10^{6.91}$，其在 20℃ 水中溶解度為 0.0055 mg/L。然而有些特例，爆炸性的 HMX (1,3,5,7-tetranitro-1,3,5,7-tetrazocane) 在 20℃ 下之溶解度為 5 mg/L，而其 K_{ow} 數值只有 $10^{0.20}$，該化合物的溶解度低，但其 K_{ow} 數值不見得十分的大。此外，目前也已經發現疏水性化合物 (如持久性或新興污染物) 的吸附作用通常和固體中有機物的含量有關，此顯示了此過程是有機物-有機物的分配和吸附並非純正的吸附。一個有機物-碳-當量化 (organic-carbon-normalized) 的分配係數，K_{oc} 可由固體中有機碳的質量分率除以 K_p (分配係數) 而計算得到。K_{oc} 越大，表示該化學物質於土壤吸收的濃度越高，且較不易移動。

其必須注意在某些情況下，溶質和吸附劑間的平衡時間長短不一，有時要花上好幾天、幾個月甚至幾年。K_{oc} 的數值可由 K_{ow} 利用一系列多環芳香族化合物和氯化碳氫化合物所建立的下列關係式估計出來。

$$K_{oc} = 0.63 \times K_{ow} \quad (2\text{-}36)$$

其中 K_{oc} 是有機物-碳-當量化分配係數，其單位式公升/公斤有機碳。K_{oc} 的數值可由水中溶解度的關係計算出。

$$\log K_{oc} = -0.54 \times \log S + 0.44 \quad (2\text{-}37)$$

其中 S 是該物質對水的溶解度，以莫耳分率表示之。實務上，對測試化合物而言，用 K_{ow} 比用 S 更容易估計 K_{oc}。

為了解吸附過程而引起地下水污染物的阻滯作用 (化合物的移動和水的移動的關係)，可使用下列方程式：

$$t_r = 1 + pK_p/e \quad (2\text{-}38)$$

其中

t_r = 遲滯因素或水的移動速率和化合物移動速率的比值

p = 土壤整體密度, kg/L

K_p = 分配係數, L/kg

e = 土壤的空隙分率

2.7 污染物的氧化還原

2.7.1 氧化與還原概述

氧化還原的觀念建立在反應物質的氧化態 (oxidation state) 的改變，氧化態是用來描述物質在反應中電子增加或減少的程度，是一種反應物質的電子轉移的概念。當反應過程中某一物質 (可能是原子、分子或離子) 失去電子導致其本身氧化態提高，則稱其為氧化作用 (oxidation)；反之，若反應物質獲得電子使得本身氧化態降低，則稱其為還原作用 (reduction)。自然界中時常發生氧化還原作用，例如燃燒或是日常生活中的鐵生鏽。燃燒產生二氧化碳是最基礎的氧化還原反應，當碳與氧反應時，碳原子的氧化數從原本的 0 價，因為失去電子而成為 +4 價，氧原子則接收碳提供的電子而從 0 價到 −2 價，如圖 2.8。

鐵生鏽的連續反應也是一種氧化還原反應，如圖 2.9，每個鐵原子失去 2 個電子被氧化成亞鐵，而氧的電子還原成氫氧根離子：

(1) 鐵被氧化成亞鐵離子：$2Fe \rightarrow 2Fe^{2+} + 4e^-$
(2) 氧還原成氫氧根離子：$O_2 + 2H_2O + 4e^- \rightarrow 4OH^-$
(3) 亞鐵與氫氧根反應生成氫氧化鐵：$Fe^{2+} + 2OH^- \rightarrow Fe(OH)_2$
(4) 總反應：$2Fe + O_2 + 2H_2O \rightarrow 2Fe(OH)_2$
(5) 若尚有氧存在，氫氧化鐵會再繼續氧化成氧化鐵：$4Fe(OH)_2 + O_2 \rightarrow 2Fe_2O_3 + 4H_2O$

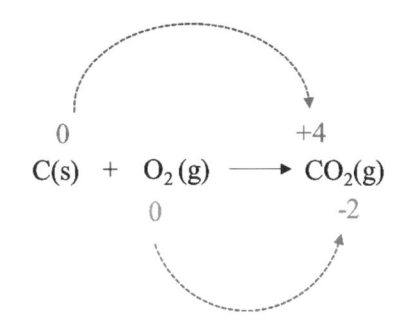

圖 2.8
燃燒產生二氧化碳

圖 2.9
鐵生鏽的氧化還原作用

表 2.4　常見的氧化劑與還原劑

氧化劑 (電子接受者)		還原劑 (電子供給者)	
名稱	化學式	名稱	化學式
過氧化氫	H_2O_2	氫氣	H_2
高錳酸鉀	$KMnO_4$	碳	C
過硫酸鈉	$Na_2S_2O_8$	還原鐵粉	Fe^{2+}
重鉻酸鉀	$K_2Cr_2O_7$	氯化亞錫	$SnCl_2$
次氯酸鈉	NaClO	硫代硫酸鈉	$Na_2S_2O_3$
硝酸	HNO_3	硼氫化鈉	$NaBH_4$
硫酸	H_2SO_4	對氧活性大的金屬	Mg, Al, Ca, La 等

　　氧化還原作用過程中，物質本身失去電子，使另一物質獲得電子而還原至該物質的原始氧化態者，稱為還原劑(或稱為電子供給者)。物質本身獲得電子，使另一物質失去電子而提高該物質氧化態者，稱為氧化劑(或稱為電子接受者)。此一概念對環境工程師相當重要，因有許多污染物即是依靠氧化還原作用的原理來加以去除，如廢水中的高級氧化程序(臭氧、紫外光)、地下水的現地化學氧化(過氧化氫、高錳酸鉀)以及微生物的好氧與厭氧作用等，皆是利用氧化劑來使污染物失去電子，進而被分解去除。表 2.4 是常見的氧化劑與還原劑。

2.7.2　氧化還原反應的平衡

　　氧化反應的發生必定伴隨著另一物質的還原，也就是沒有還原作用，氧化作用並不會單獨發生。此外氧化劑所接受的電子數目必定等於還原劑所供給的電子數目，環境工程師可利用此特性來平衡氧化(或還原)的反應方程式，下列提供氧化還原反應的簡易步驟供讀者使用，首先將主要的物種平衡，常見的半反應式則列於表 2.5 和表 2.6。

(1) 主要物種平衡　　　　$Fe^{2+} \rightarrow F^{3+} + e^-$
(2) 利用 H_2O 平衡 O　　$MnO_4^- + 4H^+ + 3e^- \rightarrow MnO_2 + 2H_2O$
(3) 利用 H^+ 平衡 H　　$3Fe^{2+} + MnO_4^- + 4H^+ \rightarrow 3Fe^{3+} + MnO_2 + 2H_2O$
(4) 利用 e^- 平衡電荷　　$Fe^{2+} \rightarrow Fe^{3+} + e^-$
　　　　　　　　　　　　$Cr_2O_7^{2-} + 14H^+ + 6e^- \rightarrow 2Cr^{3+} + 7H_2O$
　　　　　　　　　　　　$6Fe^{2+} + Cr_2O_7^{2-} + 14H^+ \rightarrow 6Fe^{3+} + 2Cr^{3+} + 7H_2O$

表 2.5　常見的氧化劑半反應式

氧化劑	化學式	半反應式
高錳酸鉀	$KMnO_4$	酸性：$MnO_4^- + 8H^+ + 5e^- \rightarrow Mn^{2+} + 4H_2O$ 中、弱鹼：$MnO_4^- + 2H_2O + 3e^- \rightarrow MnO_2 + 4OH^-$ 鹼性：$MnO_4^- + e^- \rightarrow MnO_4^{2-}$
重鉻酸鉀	$K_2Cr_2O_7$	酸性：$Cr_2O_7^{2-} + 14H^+ + 6e^- \rightarrow Cr^{3+} + 7H_2O$
濃硝酸	HNO_3	$NO_3^- + 2H^+ + e^- \rightarrow NO_2 + H_2O$
稀硝酸	HNO_3	$NO_3^- + 4H^+ + 3e^- \rightarrow NO + H_2O$
熱濃硫酸	H_2SO_4	$H_2SO_4 + 2H^+ + 2e^- \rightarrow SO_2 + 2H_2O$
鹵素	(Cl_2、Br_2、I_2)	$X_2 + 2e^- \rightarrow 2X^-$
過氧化氫	H_2O_2	$H_2O_2 + 2H^+ + 2e^- \rightarrow 2H_2O$
氧	O_2	$O_2 + 4H^+ + 4e^- \rightarrow 2H_2O$
鐵離子	Fe^{3+}	$Fe^{3+} + e^- \rightarrow Fe^{2+}$

表 2.6　常見的還原劑半反應式

還原劑	化學式	半反應式
輕金屬	(Na、Mg、Al)	$M \rightarrow M^{n+} + ne^-$
氯化錫 II	$SnCl_2 \cdot 2H_2O$	$Sn^{2+} \rightarrow Sn^{4+} + 2e^-$
硫酸鐵 II	$FeSO_4 \cdot 7H_2O$	$Fe^{2+} \rightarrow Fe^{3+} + e^-$
鹵離子	(Cl^-、Br^-、I^-)	$2X^- \rightarrow X_2 + 2e^-$
硫化氫	H_2S	$H_2S \rightarrow S + 2H^+ + 2e^-$
硫代硫酸鈉	$Na_2S_2O_3 \cdot 5H_2O$	$2S_2O_3^{2-} \rightarrow S_4O_6^{2-} + 2e^-$
亞硫酸	H_2SO_3	$SO_3^{2-} + H_2O \rightarrow SO_4^{2-} + 2H^+ + 2e^-$
草酸根	$C_2O_4^{2-}$	$C_2O_4^{2-} \rightarrow 2CO_2 + 2e^-$
亞硝酸	HNO_2	$NO_2^- + 2OH^- \rightarrow NO_3^- + 2e^- + H_2O$
氫	H_2	$H_2 \rightarrow 2H^+ + 2e^-$

2.7.3　重金屬的氧化與還原

　　重金屬在土壤中可經由微生物或是化學氧化還原作用 (oxidation / reduction) 轉變為氧化態或還原態，例如砷、鎘、銅與硒，土壤的氧化還原狀態會影響金屬價數。例如鉻在土壤環境中，鉻主要以三價鉻 (Cr^{3+}) 及六價鉻 (Cr^{6+}) 的型態存在，鮮少以元素型態出現 (McGowen et al., 2001)。此係依土壤環境中之 pH 及氧化還原條件而異，在低 pH 及高還原電位環境，鉻主要以三價的型態存在；在高氧化狀態下，鉻主要以六價的型態存在 (Tan et al., 2005)。氧化還原反應可分為兩類，同化 (assimilatory) 與異化 (dissimilatory)。在同化反應中，金屬與類金屬 (metalloid) 會加入生物體的代謝反應中，作為最終的電子接受者。相反地，異化反應中，金屬與類金屬物質在代謝的途徑中僅扮演間接引發氧化還原反應之角色 (Ross, 1994; Battaglia-Brunet et al., 2002; Bachate et al., 2012; Choppala et al., 2013)。

2.8 污染物的生物作用

2.8.1 微生物的作用

(1) 耗氧作用

環境中存在著多種肉眼看不見的微生物，包括細菌、真菌、原生動物和體積較大的藻類等。好氧性微生物在氧氣足夠的條件下，利用氧氣作為主要的電子接受者，分解水中的碳水化合物、脂肪、蛋白質等，產生 CO_2、H_2O 及副產物 (多為無機鹽類)，其反應過程可大致如下：

$$有機物 1\ (C_aH_bO_cN_dP_eS_fCl_g) + 好氧性微生物 + O_2 \longrightarrow$$
$$(有機物 2) + CO_2 + H_2O + NO_3^- + PO_4^{3-} + SO_4^{2-} + Cl^-$$

當上述方程式將有機物反應完全時，可稱為生物的耗氧作用或稱礦化作用 (mineralization)，因其生物反應過程中消耗氧氣，同時生成無機的二氧化碳、水或其他無機鹽類沉澱物。反之，當上述反應並未將有機物完全礦化，一部分仍轉化為其他有機物時，則稱之為生物轉化作用 (biotransformation)，三氯乙烯經微生物作用還原脫氯形成二氯乙烯是最好的例子：

$$C_2HCl_3 + H^+ + 2e^- \longrightarrow C_2H_2Cl_2 + Cl^-$$

(2) 厭氧作用

厭氧性微生物在氧氣不足 (溶氧 < 0.5 mg/L) 條件下，會利用不同的鹽類作為電子接受者，將有機物作為主要碳源進行厭氧生物反應，反應的步驟分成兩階段進行。第一階段是水中的酸性生成菌將複雜的有機物分解成為低分子性的有機酸，在產菌酶的作用下，大分子的有機物被消化變成小分子的有機酸、醇類、醛類、氨、二氧化碳等，而第二階段甲烷生成菌又會將有機酸分解成為甲烷 (CH_4)、硝酸 (NH_3)、硫化氫 (H_2S) 等最終產物。其反應式可以如下列的反應式表示：

$$有機物 + 結合氧\ (如\ NO_3^-、SO_4^{2-}) \xrightarrow{酸性生成菌} 酸菌細胞 + 有機酸 + 醇類 + CO_2$$

$$CO_2 + H_2O + NH_3 + H_2 \xrightarrow{甲烷菌} 甲烷菌細胞 + CO_2 + CH_4 + H_2S$$

微生物進行生物反應也是一種氧化還原的過程，當氧氣足夠的條件下，氧氣便是最主要的電子接受者，但在缺氧或厭氧條件下，其他物質如硝酸鹽、鐵 (III) / 錳 (IV)、硫酸鹽、二氧化碳即成為電子接受者。兼性細菌可利用硝酸鹽作為電子接受者，但只有完全厭氧的細菌才會利用硫酸鹽或二氧化碳作為電子接受者，因此在

自然環境下，微生物進行生物反應時利用之電子接受者依序為 $O_2 > NO_3^- > Fe(III)/Mn(IV) > SO_4^{2-} > CO_2$。記住此順序便可藉由判斷生物處理時的反應階段。

應用好氧性生物處理比厭氧性生物處理廢水，其分解有機物的速度較快、但其污泥生成量亦較多，環境工程師能夠了解好氧生物反應與厭氧生物反應之機制，便能夠有效利用在不同環境下的污染物去除，例如在低溶氧環境下，就能夠優先思考以厭氧處理的方式進行污染物去除，利用先天環境上的優勢加強污染淨化是環境工程師的使命所在。

2.8.2 含氯溶劑的生物轉化作用

含氯溶劑最常因不當處理而洩漏至土壤及地下水中，而土壤中存在之微生物在厭氧環境下，若有適當之物質可作為電子提供者 (如乳酸鹽、碳水化合物、醇類、氫氣或砂糖等)，此時 TCE 為最終電子接受者及生長所需之碳源，氯原子會被氫原子所取代，慢慢由四氯乙烯 (PCE) 降解成三氯乙烯 (TCE)、二氯乙烯 (DCE)、氯乙烯 (VC) 及乙烯 (ethene)，而最後礦化成 CO_2、H_2O、Cl^- 等無機物，如圖 2.10，此過程稱為直接代謝還原脫氯又稱為鹵化呼吸作用 (Koenig et al., 2012; Richardson, 2013)。在此過程中最常產生 DCE 的異構物 1,2 cis-DCE 或 cis-DCE。典型的降解反應只能發生在厭氧及低氧化還原的情況下 (ITRC, 2008)。

2.8.3 污染物於河川的自淨作用

在大量有機物污染輸入河川時，由於中微生物對有機物的氧化分解作用，致使水體溶氧發生變化，污染源隨著距離含時間的推移，從污染源頭至河流下游一定距離內，溶氧量會由高到低，再回復到原來的溶氧濃度，這一現象可繪製成一條溶氧下降曲線，稱之為氧垂曲線 (圖 2.11)。當水體受到污染後，水體中的溶氧逐漸被微生物消耗，到臨界點後又逐步回升的變化過程。好氧污染物排入水體後隨即發生生物化學分解作用，在此過程中將消耗水中的溶氧，直到污染物濃度降低，微生物反應減緩，且外在的水氣交換及其他曝氣的過程有助於水中溶氧的提升。事實上，

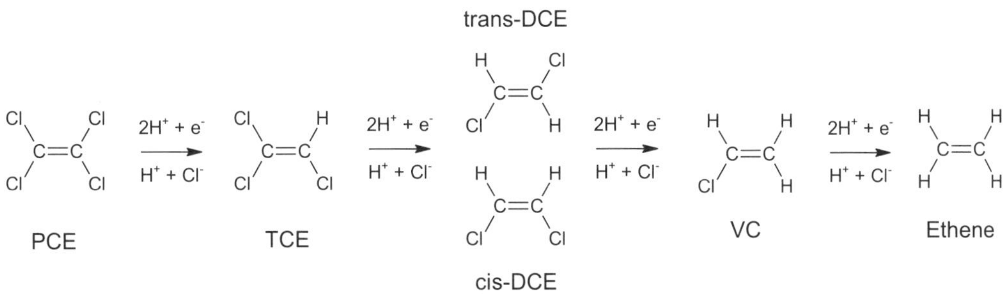

圖 2.10 含氯有機物之厭氧還原脫氯過程

圖 2.11
河川自淨作用和溶氧的關係

(https://slidesplayer.com/slide/14674989/)

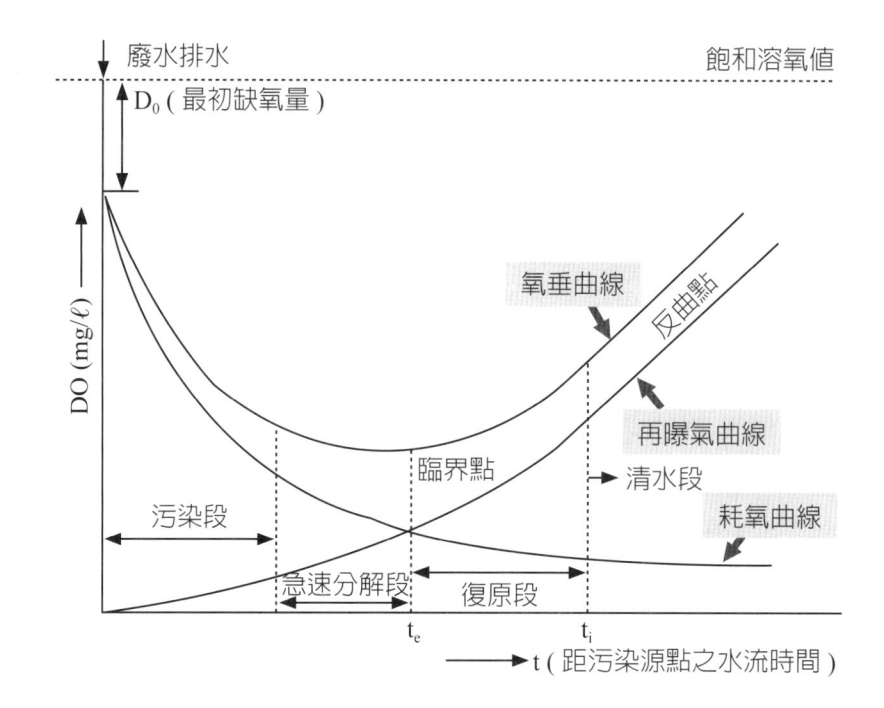

溶氧的變化狀況反映了水體中有機污染物淨化的過程，因而可把溶氧作為水體自淨的作用。

如果以污染源輸入點至河流下游作為橫座標，溶氧飽和率作為縱座標繪一曲線，可得一下垂形曲線，常稱氧垂曲線。該圖亦反映了耗氧和再曝氣(復氧)的協同作用。若臨界點的溶氧量大於水質規定，則說明污水的排放未超過該水體的自淨能力。倘若排入之有機污染物負荷過大，超過水體的自淨能力，則臨界點將低於最低溶氧含量標準，甚至在臨界點後之河段出現缺氧或是完全厭氧狀態，此時氧垂曲線中斷，代表水體已經遭受嚴重污染，使水中生物無法生存。而在缺氧或厭氧情況下，除了水中生物無法生存，如魚類可能會出現「浮頭現象」，意指魚類因缺氧而浮在水面呼吸氧氣的現象。水中有機物會因厭氧微生物作用進行厭氧反應，進而產生硫化氫、甲烷等，致使水質變壞，腐化發臭。因此氧垂曲線上，溶氧濃度變化反應河段對有機污染的自淨過程。這一問題的探究，對評估水污染程度和後續應對策略，都有重要意義。

此外，在有機物進行微生物淨化的過程中，再曝氣與耗氧作用亦同時進行，水中溶氧含量即為耗氧與復氧兩過程相互影響的結果。氧垂曲線即反映了溶氧濃度的變化。在未污染前，水體中的溶氧皆為飽和。當遭受污染之後，先是河水的耗氧速率大於復氧速率，溶氧急遽下降。當隨著有機物(污染物)已隨著距離和時間的增加而減少，耗氧速率逐漸下降；而隨著水流過程中的水氣交換、水體中植物光合作用及其他曝氣的過程，使復氧速率逐漸上升。當兩個過程速率相等時，溶氧到達最

低值。隨後，復氧速率大於耗氧速率，溶氧不斷回升，最後水體又回復飽和狀態，污染河段完成自淨過程。可表示如下：

- 當耗氧速率 > 再曝氣 (復氧) 速率時，溶氧曲線下降；
- 當耗氧速率 = 再曝氣 (復氧) 速率時，為溶氧曲線最低點，即最缺氧點；
- 當耗氧速率 < 再曝氣 (復氧) 速率時，溶氧曲線上升。

Chapter 3
水體水質自然淨化工法

　　廢污水處理技術都是依賴各種物理、化學及生物的原理機制,來達成去除污染物的目標。而當下全球環保意識的興起,各地皆以綠色永續的概念作為整治工法之優先考量,因此,有別於污水處理廠之自然生態淨化工法已被廣泛應用於淨化河川水質,自然淨化工法相較於一般廢水處理廠,具有省能源、工程成本及維護費用低、操作簡單及不需添加任何化學藥劑等優點,除具有淨化水質的功能之外,同時亦有美化景觀、環境復育以及環境教育等優點,是相當具有永續環境能力的工法之一。此外,該技術之占地面積大、較長的水力停留時間、無法承受高污染負荷之缺點也藉由跨領域之研究逐漸克服(表 3.1)。

　　事實上,人類自古以來所產生的污染物,經常是運用元素重新循環及自然生態的機制完成物質轉換進而回歸自然作為自然界的養分,以達到一種平衡的狀態,這種平衡便是所謂的自然界「自淨作用」。如果給予自然界污染的負荷小於其自淨作用的涵容能力,就不會造成環境污染或是生態破壞。有鑒於此,師法自然的目標衍生出許多自然生態處理技術,以強調藉由自然淨化能力來處理人為污染物。根據行政院環境保護署水質自然淨化工法操作維護彙編,自然淨化系統可以系統介質之不同區分為「土地處理系統」及「水生處理系統」二大類;水生處理系統可再細分為「濕地處理系統」、「水生植物系統」、「氧化塘」;而土地處理系統可再細分為「地表

表 3.1　傳統污水處理廠與自然淨化工法之優、缺點比較

技術	傳統污水處理廠	自然淨化工法
優點	占地面積小 去除污染物時間短 方便調整及控制各種參數 可承受較高污染負荷 排放水水質穩定	技術設備簡單 管理方便 工程成本及維護費用低 有助於生態環境復育 景觀美化
缺點	為鄰避設施 工程成本及維護費用高 需使用較多的化學藥劑 技術設備較複雜 污泥量多 產生二次污染 (VOC 等) 對環境較不友善	占地面積大 淨化能力受微生物及植物影響 較長的水力停留時間 需控制蚊蠅孳生 受氣候條件限制大 需定時移除枯枝 無法承受高污染負荷

漫流系統」、「慢速滲濾系統」、「快速滲濾系統」、「地下滲濾系統」等。而事實上大部分的自然淨化機制都較為相似，因此後續將以人工濕地系統為例，介紹自然淨化工法之內涵。

3.1　濕地處理系統 (constructed wetland system)

人工濕地除了涵養水源、防洪儲水和營造生物多樣性之環境外，其建造大多以去除廢水中的污染物為主要目的。而濕地系統亦有下列優點：(1) 洪氾控制；(2) 處理污水、淨化水質；(3) 防止地層下陷並涵養水源；(4) 減少海水對海岸地帶的侵襲；(5) 減緩氣候變遷、調節氣候；(6) 沉積物、營養鹽之保存與輸出；(7) 水生動植物生育地、生物多樣性保存庫；(8) 文化、教育、遊憩、研究價值等。圖 3.1 為竹南海口濕地是全國唯一淡、海水連結的人工濕地，目前作為「斯氏紫斑蝶」繁殖的大本營；圖 3.2 為台南官田自然濕地是一個水雉復育地。

人工濕地類型又因不同之功能設計大致分為自由表面流系統 (free water surface system, FWS) 及地下水流系統 (subsurface flow system, SFS) 兩大類，地下水流系統依其水流方式分為水平流動式 (horizontal-flow system, HFS) 或垂直流動式 (vertical-flow system, VFS) 兩種：

(1) 自由表面流系統

自由表面流系統 (free water surface system, FWS) 是指濕地的水面高於土壤或填充材之上，也就是說水可在表面自由流動的人工濕地，所以該系統與自然濕地甚為

圖 3.1 竹南海口濕地

圖 3.2 台南官田自然濕地

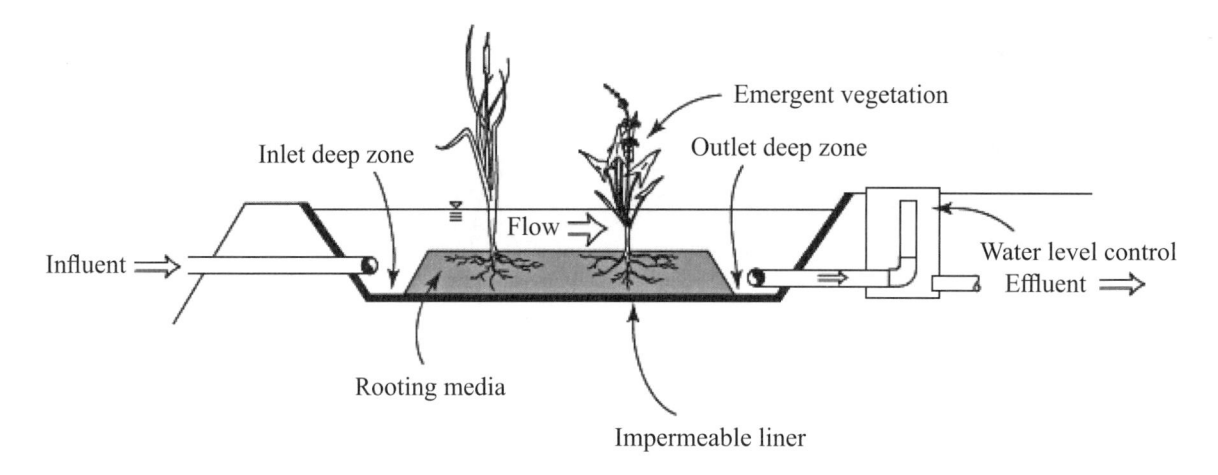

圖 3.3　表面流動式人工濕地
(資料來源：Kadlec and Wallace, 2009)

相似，此系統是最簡單亦是最早被使用以處理污染水源的人工濕地系統，因此也是應用最為廣泛之人工濕地形式。在自由表面流系統中，水流經過介質表面使水面暴露在大氣中，提供污染物生物或化學氧化所需要之氧氣來源，而濕地植物包括挺水性植物 (例如蘆葦、香蒲、水筆仔等)、浮水性植物 (例如布袋蓮、浮萍、水芙蓉、空心菜等) 或浮葉性水生植物 (例如睡蓮) 透過根部和地下莖系統將氧氣傳送到處理系統的底部，以提供水面下好氧性微生物的附著生長，進行生物淨化水質處理，完成水中營養鹽移除 (圖 3.3)。

(2) 地下水流系統

地下水流系統 (subsurface flow system, SFS) 是指水面位於土壤或填充材面之下，也就是不能於濕地表面看到水層的人工濕地系統，是由「溝渠」與「濾床」兩個要件所組成，由水平或垂直的方式通過可充填透水性砂土或礫石，可減少病原體或外來污染接觸之干擾，亦可避免異味的擴散。由於系統上方種植挺水性水生植物 (如蘆葦、香蒲、風車草、薑花等)，進流水被迫在表層下的介質及根莖系間流動，以達到淨化作用。地下水流式人工濕地依照水流流動方式可分為「水平流動 (horizontal-flow system)」(圖 3.4) 與「垂直流動 (vertical-flow system)」(圖 3.5) 兩種型態，前者進流由一端進入，水平流向另一端出流口，後者進流方式從濕地表面逐步向下滲流至底部管線而後流出。地下水流式人工濕地會控制在土壤或是其他介質 (礫石、碎石、牡蠣殼、新興填充材) 等之下，透過形成在介質表面的生物膜以極低溶氧的環境下，處理廢水中的污染物質。而種植於介質上的植物也可以透過根系的發展，提供氧氣於異營性微生物並直接吸附污染物，以兼具低成本、高水質淨化效能、低土地利用面積，並利用其低開放水面的特性，如此可避免臭味和蚊蟲、蒼蠅等害蟲的孳生。

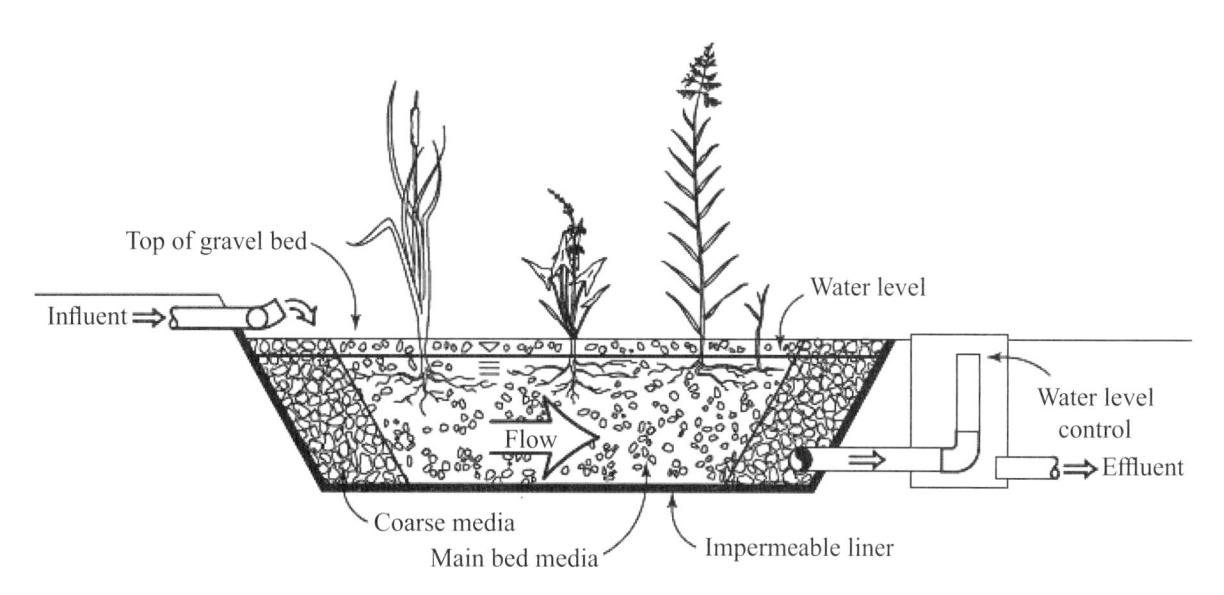

圖 3.4　地下水流 (平行流) 人工濕地

(資料來源：Kadlec and Wallace, 2009)

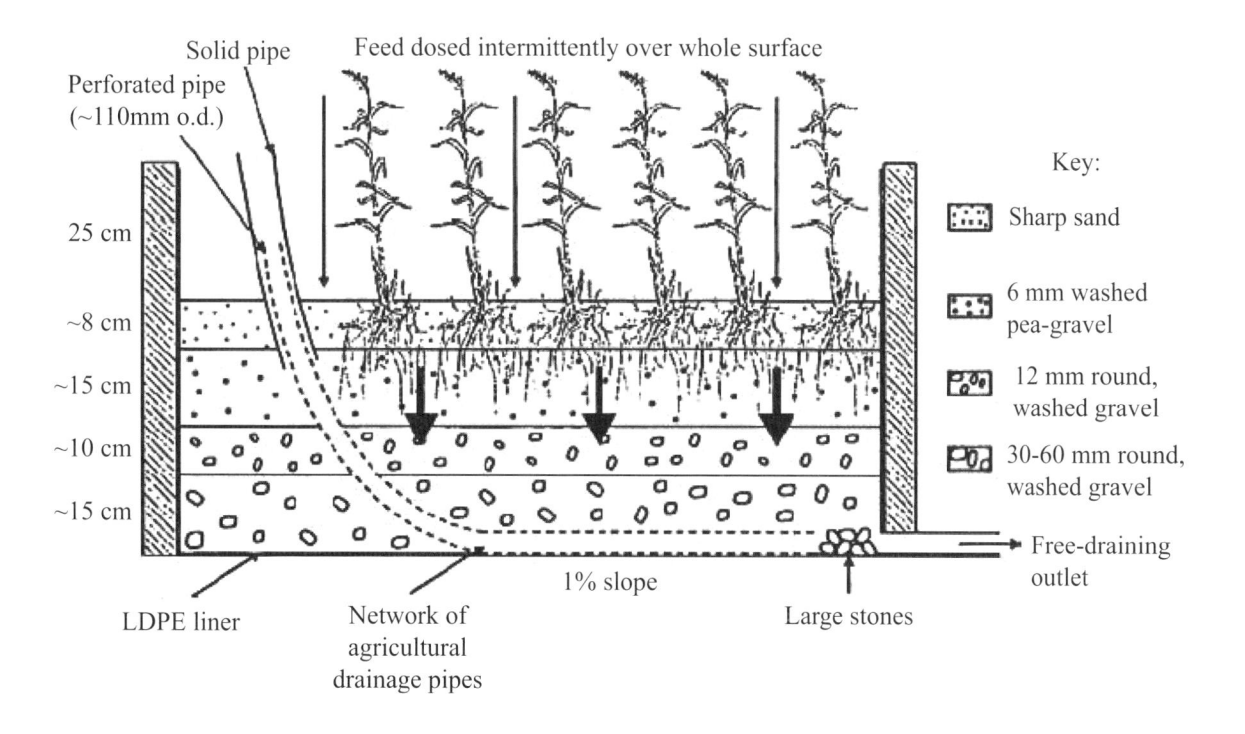

圖 3.5　地下水流 (垂直流) 人工濕地

(資料來源：Kadlec and Wallace, 2009)

3.1.1 濕地的結構

依照對濕地的各類描述，構成濕地的基本要素為水、植物生長所需的介質及濕地植物 (陳有祺，2003)。典型濕地生態所需具備的構成要素分為下列幾項：

1. 基礎底層 (underlying strata)

    位於植物根區生長範圍之下，通常被認為是介於飽和含水或低透水性、性質不易改變的有機、無機或礫石層，這些基質可以為微生物的生長提供穩定的依附表面。此外，人工濕地基質除使用石塊、礫石、砂粒、細砂、砂土和土壤等外，目前國內錢紀銘與林瑩峯教授研究團隊亦研究出以廢棄物取代礫石濾料如廢輪胎片、焚化爐底渣及蚵殼等，皆能增加污染物去除效能 (陳韋志，2004；Chyan et al., 2013; 余沐錦，2017)。

2. 還原性土壤 (hydric soils)

    非經常性維持飽和含水之無機礦物或有機土層，在此區域中包含部分植物的根、球根、地下莖、塊莖並延伸至表層的部分。

3. 沉積碎屑 (detritus)

    此泛指濕地中動、植物與微生物體的累積，例如水生植物的枯枝、死亡的藻類、活的或死亡的動物 (大部分無脊動物) 與微生物 (浮游性生物、細菌)，富含有機質，亦是土壤腐植質的來源。這些礦物質或是有機質土壤具有不同的物理化學性質，這些性質影響濕地底質中的氧化還原、酸鹼值、陽離子交換容量等環境因子進而左右污染物在濕地中的宿命及傳輸 (表 3.2)。

4. 季節性淹澇區 (seasonally flooded zone)

    濕地的這一部分季節性或日夜 (感潮濕地) 地受水淹沒，該區域同時可供生物如魚以及其他脊椎動物、流水性及浮水性植物、藻類與微生物等的棲地。

表 3.2　有機土及礦質土的特性

土壤性質	礦物質土壤	有機質土壤
有機碳含量	< 12~20	> 12~20
有機質含量	< 20~35	> 20~35
酸鹼值	常維持中性	酸性
容積密度	高	低到高
飽和含水量	低	高
陽離子交換容量	高 (以氫離子為主)	低 (以主要陽離子為主)
常見的濕地類型	草澤、自然濕地、人工濕地	北方泥碳地

(參考來源：陳有祺，2003)

5. 挺水植物 (emergent vegetation)

　　為生物相的一部分，多為維管束生根植物，包括草本挺水性植物及木本挺水性植物，不同的植物物種皆有不同的淨化水質功用及效用，不同的地區也有其優勢物種，因此濕地植物之選種有其依據且有地域性差異。選種則應以普遍性及本土性、水質、浸水問題、氣候及標高、計畫目標等因素為考量。目前台灣海岸型濕地，就可見水筆仔、木麻黃、蘆葦、欖李、水燭、海茄苳、大安水蓑衣等。而台灣人工濕地常見的濕地植物種類有美人蕉、青芋、莎草、芒草、蘆葦、水燭、狼尾草、水芙蓉、空心菜及荷花等。

3.1.2　濕地水文

　　水在濕地中不僅受進出流各項因素的影響，也受制於地形條件與相鄰水體的情形，進而呈現豐富多樣的水文現象，同時也造成水文的植物性效果，維持濕地生態潛在的複雜度。而人工濕地之水文 (水位、週期和水力停留時間) 直接影響到形成濕地的非生物性因素，包括水的有效性、營養鹽的有效性、土壤好氧或厭氧狀況、污染物接觸時間、土壤組成與粒徑大小等，以及相關狀況如水深、水化學 (如 pH 及 Eh 值)、流速等。水力停留時間 (hydraulic retention time, HRT) 可用空槽模型體積除以進流流量即可求得 (當進流量相當於出流量時使用)。通常使用以下式子作為設計參考：

$$\text{HRT} = \frac{V}{Q} \tag{3.1}$$

上式中，V 為試驗槽之體積 (m^3)；Q 為單位時間的流量 (m^3/day)。

　　水力停留時間 7~14 天有較好的營養鹽去除率。但在工程估算上，因土壤及礫石有孔隙率，所以實際上的 HRT 值應該會比所算出的 HRT 值更高。一般而言，FWS 系統的水力停留時間約在 5~14 天 (Wood, 1995)。在設計 HRT 時，必須同時考慮 BOD 的負荷量 (manual)，才能使濕地達到最高處理效能。

　　在實務上，量測濕地中各採樣點流速 (V) 及計算其流量 (Q) 以及計算其水力停留 (HRT)，有助於了解濕地的淨化情況。可依據我國環檢所之水量測定方法──流速計法 (NIEA W022.51C)，進行水文測定，流速計法係水道分為數個已知水流斷面之區間，測定各區間之流速，進而計算流量，如圖 3.6 所示，量測方法概述及測定地點之選擇。

1. 濕地中流速測定地點之選擇，應考慮下列各項因素：
   (1) 水流為盡可能只有一條水道。
   (2) 測定地點應避開大量堆積物處，尋一有適當水深處。
   (3) 測定地點之斷面上、下游之斷面應避免差異太大。

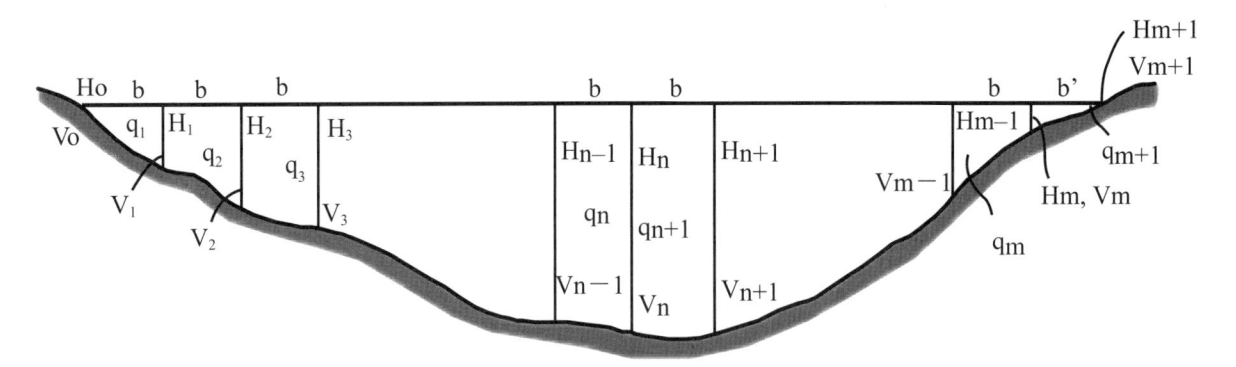

圖 3.6　水文量測河川斷面示意

2. 斷面積之測定

　　流速測定地點上，將繩索或鋼索與水流方向成垂直而水準固定之，原則上在線上設定 15 個以上之等間隔測定站，惟可依現場水路之寬廣程度與水流實際狀況而增減之。如各測定點間之流速變化大於 20% 以上時，則應增加其測定站，以防數據失真誤判。

3. 流速之測定

　　適當之流速計應依流速及水深選定，以流速計測量各測定點不同深度之流速，進而求取該流域之平均流速。平均流速 (V) 可由下述之方式求得：

(1) 水深 ≤ 0.4 m 時，$V_n = V_{0.6}$。

(2) 水深 ≥ 0.4 m 時，$V_n = (V_{0.2} + V_{0.8})/2$。

(3) 其中，$V_{0.2}$、$V_{0.6}$、$V_{0.8}$ 係指水面開始至 20%、60% 和 80% 水深處流速。

流量之計算請參閱下圖及下列計算公式：

$$Q = q_1 + q_2 + q_3 + \cdots + q_n + \cdots q_{m+1}$$

$$= \left(b \times \frac{H_0 + H_1}{2} \times \frac{V_0 + V_1}{2} + \cdots + b \times \frac{H_{(n-1)} + H_n}{2} \times \frac{V_{(n-1)} + V_n}{2} + \cdots + b' \times \frac{H_m + H_{(m+1)}}{2} \times \frac{V_m + V_{(m+1)}}{2} \right) \quad (3.2)$$

Q：流量 (m³/min)

q：區間流量 (m³/min)

b、b'：測定點間之間隔 (m)

H：水深 (m)

V：平均流速 (m/min)

對一般河川而言，H_m+1 為 0，若 V_m+1 為 0 時，公式則可簡化為：

$$Q = \frac{b}{4} \sum_{n=1}^{m} (H_{n-1} + H_n)(V_{n-1} + V_n) + \frac{b'}{4} H_m \times V_m \quad (3.3)$$

3.1.3 淨化水質機制

不同類型濕地提供不同的物理、化學及生物環境,因此在廢污水的處理表現上也有所不同;SSF 濕地一般均較 FWS 型濕地優越。然而理論上,SSF 濕地中的大部分植物殘體 (尤其莖、葉部分),被留置於石頭床表面上,無法與表層下的水流接觸,因此無法有效提供植物生長所產生的碳源,限制了脫硝作用的進行。相反地,FWS 在水流特性及生態構造上,植物枯萎體留置於水面或水中,分解後有機碳源返回水中或底泥,可有效促進脫硝。但是,FWS 濕地亦可能有較高的有機物背景值及衍生藻類生長之問題。

在一般的情況下,污染物在進入人工濕地後會在各種不同機制的作用下降解,學者 (Tchobanoglous, 1993) 認為它們大致上有:細菌的自然衰減、吸收、轉化、沉澱、揮發與化學反應等過程 (表 3.3)。除此之外,濕地中介質的過濾作用與植物/微生物吸收污染物作為碳源和營養源的反應皆為濕地去除污染物的主要機制。人工濕地系統藉由這些過程可以處理如化學需氧量、懸浮固體物、氮、磷、重金屬與病原體等污染物。由此可知,人工濕地中水質淨化的主要角色由植物、介質與微生物族群三者所共同扮演。為去除營養鹽氮元素,脫硝作用為主要機制,其中欲有效進行需要具備兩個主要條件:(1) 無氧的環境 (anoxic);及 (2) 足夠的碳源。濕地系統內的底泥及附著在濕地介質或植物組織上的生物膜內層,可達成無氧的局部環境,是脫硝作用發生的主要場所,另外,由濕地中枯萎的植物掉落而留置在底泥上層處,進而逐漸累積形成的微厭氧層或底泥外層 (episediment),也被認為是濕地內進行脫硝作用的主要場所。欲去除營養鹽,從張惠婷 (1998) 一文中指出,利用某些濕地植物可傳輸氧氣致根部的能力,造成所謂的根區效應 (root zone effect),以探究其對污染物之去除效果。研究發現:所有處理系統對於氨氮、總凱氏氮、總磷及

表 3.3 濕地水質淨化機制及可去除污染物

分類	淨化機制	去除污染物
物理性	1. 重力沉降固體物 2. 粒狀污染物流經介質及生物體達過濾效果 3. 粒狀物之間的吸引力量 (凡得瓦力) 4. 污染物質由水表面釋放至空氣中 (揮發)	BOD、氮、磷、重金屬、細菌病毒、可沉降之固體物、氨氮及揮發性有機物
化學性	1. 化學沉澱形成非溶解物質發生沉降 2. 污染物吸附在介質或植物組織表面 3. 植物細胞組織形成腐植酸可提供離子交換	磷、重金屬及有機物
生物性	1. 微生物礦化作用、轉化作用 (硝化、脫硝) 2. 好氧、厭氧分解作用 3. 同化作用、攝取作用	膠體狀有機物、BOD、氮、磷及重金屬

參考資料:歐文生,2005

正磷酸鹽等都可達 50 % 以上的去除率。施凱鐘 (2003) 建立人工濕地系統,探討種植不同植物之濕地處理效能,研究發現種植植物 (分別為水芙蓉、蘆葦、空心菜、水蠟燭、狼尾草) 濕地組的去除效能 (72~98 %) 比無種植植物之對照組優越 (1~33 %)。林欣怡 (2000) 以人工濕地方式,進行對工業廢水處理之研究。研究發現,濕地植物開卡蘆輔以礫石可去除工業廢水中所含之污染物質;但在經前處理之工業廢水中所含有之營養鹽物質因為較少,所以結果造成濕地植物的生長緩慢。張立弘 (2001) 的研究中以人工濕地為一模場試驗,處理二級污水處理場的放流水,研究發現如下:因為濕地植物種植及收割不規律,導致植物體腐爛之後,將吸收的氮磷營養鹽又重新釋放至濕地系統內,使得氮磷無法有效且完全的移除,植物適時的收割對於氮磷的去除有相當大的影響。

在 Gale et al. (1993) 一文曾比較人工濕地與天然濕地中各種碳源的差異性,發現人工濕地確實因碳源的累積量不如天然濕地,故其脫硝潛能亦不如天然濕地,因此以人工濕地中進行脫硝作用,將有可能形成碳源限制。另外,在濕地環境中,不同種類植物的生長及不同植物所營造出之環境,在 NO_3-N 去除的表現上是否有所不同,為值得探討的課題。研究指出,植物的根也能夠釋放碳化合物,釋出的碳化合物約是植物固碳量的 5~25 %,從根部釋出的有機碳可作為脫硝的碳源,增加脫氮的效果 (陳怡伶,2006)。利用人工濕地水生植物去除高速公路逕流水中之油酯、有機物與重金屬鉛及鋅,其中寬葉香蒲 (Typha latifolia) 具有攝取同化、吸附等適合之物種。

重金屬在人工濕地中主要的去除機制為離子交換、吸附、有機物螯合、植物根系過濾、生物吸收等。部分植物具有吸收及超累積微量金屬於其組織體內之能力,可運用於受污染的土壤及水域環境,利用此能力以移除微量元素與有毒重金屬,該處理工法稱植物淨化處理技術。廖等人 (2000) 研究在濕地裡占優勢性之浮水性植物物種,如浮萍及滿江紅,對銅及鐵有高達 70 倍的生物濃縮效應,布袋蓮對於富含銀之金屬工業廢水可在極短時間內給予有效率的去除。近年來,濕地的不同植物物種,布袋蓮、天胡荽、青萍、滿江紅等濕地植物對鎳、鋅、鐵、鈷、鉻、鉛、銅、鎘等重金屬之累積吸收情形也被熱絡的討論。根據國內研究報告荊等 (2003) 研究,人工濕地處理重金屬除植物的生物濃縮作用外,植物體本身與底泥之間亦有複雜的交互作用發生,致使植物根部累積量較上部組織為高之外,金屬於底泥之累積量亦相當可觀,如鉛在人工濕地的分布狀況,可達 70% 以上蓄積在底泥之中。根據我國環保法令所規範之陸域水體環境基準或放流水標準,分別有氮、磷營養鹽、生化需氧量、化學需氧量、懸浮固體、大腸桿菌群、重金屬與懸浮固體物等各項,目前專家學者的研究資料中,均將上述各項指標納入報告之中,以符合實際應用需求。以下亦以上述各項指標來探討人工濕地的處理效能 (如表 3.4)。

表 3.4　檢測方法

項目	單位	NIEA 方法編號	檢驗方法	保存期限
溫度，T	°C	W217.51A	水溫檢測方法	現場測定
酸鹼值，pH	–	W424.52A	電極法	現場測定
濁度，TB	NTU	W219.52C	濁度計法	現場測定
導電度，EC	mS/cm	W203.51B	導電度計法	現場測定
溶氧，DO	mg/L	W455.50C	電極法	現場測定
生化需氧量，BOD	mg/L	W510.55B	五日恆溫培養法	48 小時
化學需氧量，COD	mg/L	W517.52B	重鉻酸鉀迴流法	7 天
總氮，TN	mg N/L	W423.52C	–	7 天
氨氮，NH_3-N	mg N/L	W448.51B	靛酚比色法	7 天
總磷，TP	mg P/L	W427.53B	維生素丙比色法	7 天
有機磷，OP	mg P/L	W427.53B	維生素丙比色法	48 小時
硝酸鹽氮，NO_3-N	mg N/L	NIEA W419.51A	分光光度計法	48 小時
凱氏氮，TKN	mg N/L	NIEA W451.51A	分光光度計法	14 天
懸浮固體，SS	mg/L	W210.57A	103~105°C 乾燥法	7 天
葉綠素 a，Chl-a	μg/L	E509.01C	丙酮萃取 / 分光光度計法	1 天
大腸桿菌，TC	CFU /100mL	E202.54B	濾膜法	1 天
其他重金屬等	mg/L	NIEA M111.00C	火焰式原子吸收光譜法	酸化後，數月

參考資料：環保署環境檢驗所 (NIEA)

(1) 濕地氮循環暨植物、微生物轉化機制

　　濕地中氮循環暨植物、微生物轉化示意圖 (如圖 3.7 所示)。以往單一表面流或單一地下流之人工濕地，逐漸同時結合氧化塘、表面流及地下流之整治列車式 (treatment train) 人工濕地系統取代，其污染物處理效率及機制，明顯優於以往單一人工濕地系統。Vymazal (2007) 回顧人工濕地應用於廢污水之氮磷營養鹽去除，總氮、總磷之去除率分別為 40~55% 及 40~60%，且列車式人工濕地系統由於可以同時提供好、厭氧環境，以利硝化作用、脫硝作用、固氮作用及厭氣銨氧化作用 (ANNAMOX) 等進行，故去除效率較單一系統顯著。厭氣銨氧化作用係指在缺氧環境中，硝酸鹽作為電子接受者與銨根反應生成氮氣，亦有亞硝酸鹽與銨根作用生成氮氣之方式，兩者皆屬於厭氣銨氧化作用。濕地內大型植物之功能，一般挺水性植物在生長結構上可將大氣中氧氣傳輸至水體中及土壤層，植物在生長過程會提高水中溶氧，植物體增生可提供生物膜微生物生長有較多之面積，另外，植物根部包含特有菌種，有降解、吸收營養鹽之功能，然而植物在死亡過程中會造成水質污濁，造成水體營養鹽、有機物濃度 BOD 及懸浮固體量上升，在操作時須考量定期收割問題。在歐美常利用耐污性較高之蘆葦及香蒲作為濕地內提升水質之物種，一

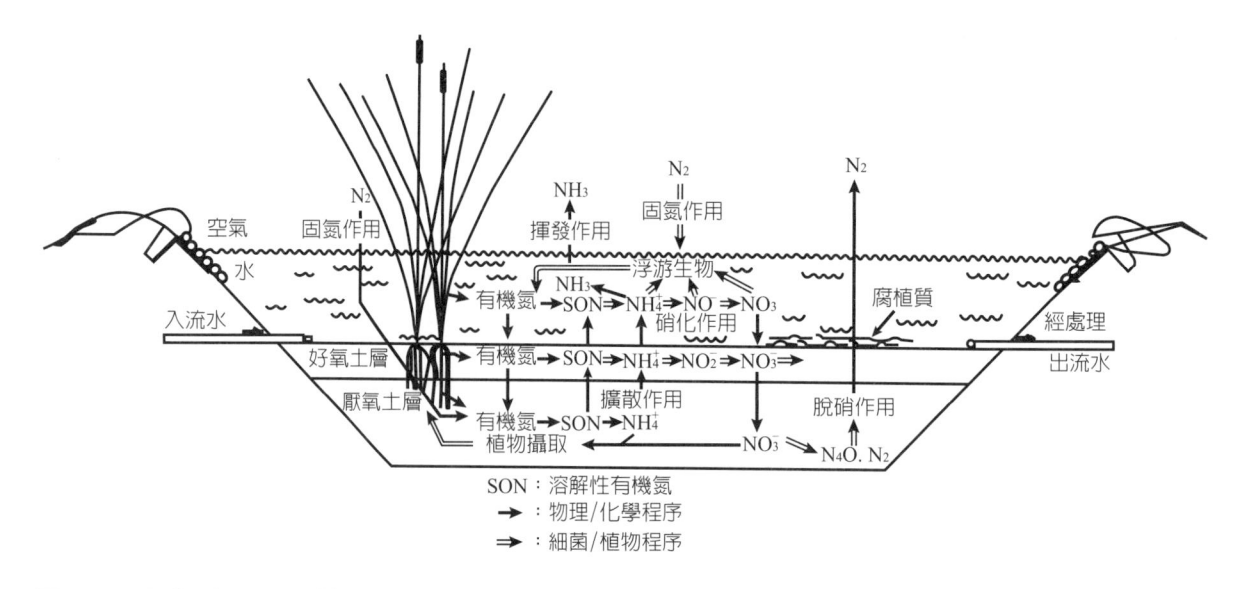

圖 3.7　濕地內氮循環暨植物、微生物轉化示意圖

一般來說，植物數量較多之系統即混種栽培系統，可提供較高污染吸附容量及過濾機制 (Kadlec, 2009)。

　　濕地系統攝取營養鹽部分，系統中除大型植物外，還包括水體中藻類與礫石上生長之苔蘚，上述植物存在濕地環境中大部分以物理及微生物作用去除污染物質，如物理性之吸附或過濾，挺水植物上生長之微生物膜分解有機物質，另植物在吸收營養鹽的能力不容小覷。據研究顯示，大型植物對於氮營養鹽之攝取約為 2,000 kg ha^{-1} year^{-1}，相較於藻類部分對於氮營養鹽攝取量約為 700 kg ha^{-1} year^{-1}，大型植物提供營養鹽去除藻類滋生控制功能 (Brix, 1997)。

　　植物所提供之功能，亦包括植物根部及莖部區域提供微生物膜生長位置，微生物可分解水中營養鹽及有機物，且大型植物生長可減緩表面流式人工濕地中之水流流速、穩定河床，降低水體結冰之機率，然而若是植物地下生物質量 (biomass) 較大，則有利於污染去除功效，主要由於生物質量較大，對於營養鹽吸收能力較強，且根系較複雜之植物體，其微生物 (菌相) 較為豐富，透過氧氣傳輸作用植物體可將氧氣由大氣傳送至根部區域，促使污水中有機物質受微生物分解 (Tanaka et al., 2007; Gagnon et al., 2007)。人工濕地其植物扮演非常重要之角色，植物體供微生物附著生長環境外，其餘功能還包括大型植物根莖部可攔阻水流降低流速度，藉此過濾或沉澱顆粒型營養鹽及有機污染物。

　　硝化脫硝作用、氨揮發、植體吸收及介質吸附，尚包括將氨部分氧化成亞硝酸鹽並與氨在缺氧系統進行氧化 (ANAMMOX 反應)。傳統垂直流地下流濕地中硝化作用及水平流地下流濕地中脫硝為主要去氮機制。在法國實場試驗中將原 80 公分

之垂直流床改分為 25 公分不飽和層及 55 公分飽和層，在此系統中操作得較佳總氮去除，並發現 ANAMMOX 細菌生長。濕地中好氧－缺氧介面為 ANAMMOX 細菌主要生長之處所。水溫 19.7~5.9°C，ANAMMOX 反應仍持續進行，足夠之銨濃度使 ANAMMOX 細菌競爭優於異營菌，然而 ANAMMOX 細菌仍可與一般異營菌共存，此外異營菌耗氧功能營造缺氧環境促使硝酸鹽還原成亞硝酸鹽，進而促進 ANAMMOX 反應。

另外，如表 3.5 所示，人工濕地含氮污染物削減反應受許多因子所影響，如 pH、溶氧及有機碳等。溶解於水中的溶解性有機氮 (SON) 經礦化作用後轉換成 NH_3-N，提供藻類及微生物攝取，並以 NH_3-N 的形式揮發於大氣中 (當 pH 較高，機制可參考第二章)；SON 亦可能受水溫及 pH 的影響而轉換成離子態的 NH_4^+，故 pH 在氮之去除也是一項重要因子，如氮氣的揮發只於高 pH 狀態下才有機會發生 (pH>9)(蔡氏，2007；謝氏，2011)。一般濕地環境中的 NO_2^- 濃度極低 (中間產物，轉化成其他物種速度較快)，若在濕地中測得 NO_2^-，則可能來自氮源同化不完全的過程中，亦或是有人為氮源的存在 (陳氏，2003)。濕地中最高氧化態的氮形式是 NO_3^-，其化學性質穩定，可被植物視為營養鹽吸收利用，亦或是參與微生物之代謝過程 (Mitsch, 2005; Wang et al., 2012; Klein et al., 2013)，故植物的吸收也是氮的去除機制之一，但需要配合定期的收割，才能將存在於植物體內的氮移除系統之中 (Klein et al., 2013；謝氏，2011)。

(2) 有機物去除機制

進入濕地之有機物可分為沉降有機固體與溶解性膠體兩大類。可沉降固體可隨著一般懸浮固體沉降在濕地底層。而溶解性膠體 (粒徑較小、比重較輕) 要靠濕地中的鹽類或沙粒共聚集才可以有效沉澱，並進一步被微生物行新陳代謝作用去除。若在好氧環境下，有機物可被微生物氧化成二氧化碳而釋出系統外。因此，

表 3.5　人工濕地含氮污染物削減反應

	硝化作用	脫硝作用	ANAMMOX 反應
化學反應簡式	$NH_4^+ + 3/2\ O_2 \rightarrow NO_2^- + 2H^+ + H_2O \rightarrow NO_3^- + 2H^+ + H_2O$	$NO_3^- \rightarrow NO_2^- \rightarrow NO \rightarrow N_2O \rightarrow N_2$	$NH_4^+ + 1.32\ NO_2^- + 0.066HCO_3^- + 0.13H^+ \rightarrow 1.02N_2 + 0.26\ NO_3^- + 0.066CH_2O_{0.5}N_{0.15} + 2.03H_2O$
碳源需求	無需	需	無需
溫度	20~35°C	25~40°C	20~43
pH	8.0~8.6	6.5~7.5	6.7~8.3
溶氧	溶氧環境	缺氧、厭氧環境	缺氧環境
碳氮比	低	高	低

有機物是以沉降、過濾及微生物等機制去除。由此可知，濕地具有吸收碳的能力(碳匯)，濕地中之水生植物及藻類透過光合作用 (photosynthesis)，以 H_2O 作為電子給予者攝取大氣中的 CO_2，轉換成為有機生物體並產生氧分子。與此同時，若植物體枯萎後殘骸累積於濕地中，形成有機碳源會刺激生物的好氧呼吸作用 (aerobic respiration)，有機物分解形成 CO_2 釋放於大氣中 (排碳能力)。

事實上，在濕地中的分解是一個複雜的過程，因此在利用碳的各種反應，如厭氧區主要因素為植物及碎屑使得其發生發酵、甲烷、硫酸鹽和硝酸鹽還原。濕地中含有大量的溶解有機質，促進微生物活性，細菌氧化溶解其後導致有機碳之礦化，在此過程中，使得有機物質轉化為無機物質。例如呼吸作用為碳水化合物的轉化為 CO_2；發酵由碳水化合物轉換形成不同化合物，並同時產生氫氣及 CO_2，由於氫氣對於醋酸生成菌有抑制作用，若氫氣分壓太高則會抑制其生長 (鐘氏，2010)。此外，濕地底層異常發生甲烷化作用 (methanogenesis)，係指甲烷生成菌利用 CO_2 作為電子接受者，氫氣分子作為電子提供者轉化為甲烷，或直接將醋酸轉化為甲烷及 CO_2。而甲烷化階段據悉為整個厭氧生物分解反應成敗的關鍵 (鐘氏，2010)，在濕地底泥的絕對厭氧與還原環境中，透過厭氧分解反應將有機物碳轉換成為甲烷而釋於大氣中。

(3) 磷去除機制

磷在自然界的循環中，可分為無機的正磷酸鹽 (orthophosphates)、複磷酸鹽 (polyphosphates) 及有機磷化物，合稱總磷 (Hu et al., 2008)。在有機及無機的兩大類型，每一類型又可分為溶解性與非溶解性的型態存在 (Dunne et al., 2012)。磷在自然界的傳輸過程與氮循環較為類似，主要是受到濕地中土壤的物理及化學性質影響包含底植的金屬含量和 pH 值等。在無機磷的部分則以正磷酸根為主，其存在的型態亦會受到 pH 值影響。舉例來說，在酸性土壤中，磷會與存在的鋁和鐵結合；在鹼性環境中，磷較容易與土壤中的鈣和鎂結合 (Kadlec, 2005; Dunne et al., 2012)，形成磷酸鈣或磷酸鎂沉澱。若在還原狀態下，與鐵共沉降的磷會在三價鐵及二價鐵溶出的過程中一併重新釋出。若在還原狀態中，硫化物則會參與磷的移除反應，會由磷鐵的共沉降轉而傾向於硫化鐵的型態存在。人工濕地系統中，磷的主要去除機制是經由化學沉澱作用、土壤吸附及植物吸收 (Kadlec, 2006; Wu et al., 2011; Zhang et al., 2012)。化學沉澱作用是藉由磷酸鹽和鈣離子、鐵離子與鋁離子共同沉澱來達成，而土壤的吸附可藉黏土礦物質和土壤有機質的吸收而去除部分的磷；如同無機氮一樣，無機磷也是植物生長必須的養分不可或缺的元素之一，無機磷由植物根系吸收後可轉化成植物體內的有機成分，故可藉由收割植物而去除，但由於植物攝取磷的量有限，磷多半沉澱於濕地中 (Dunne et al., 2012；陳氏，2008；謝氏，

2011)。由以上可知,磷對於部分去除機制的能力有限,一旦超過負荷便會不再有去除效果,甚至會經由生物體死亡後再次釋放到系統中。因此,在處理系統初期,磷的去除會相當有效。但經過一段時間操作後,便會開始趨近飽和或是再釋出之現象 (Song et al., 2012;謝氏,2011),故在濕地的後續管理以及維護相當重要。

(4) 致病菌去除機制

在生活污水中常含有大量的致病源,如病毒、細菌、寄生蟲等,當污水進入濕地系統後,部分致病源會受日光的紫外線照射所去除,亦可藉由沉降、凝結、氧化、根區過濾、嗜菌體攻擊、微生物相互攝食或受其他微生物或植物所分泌之毒性物抑制,甚或是自然死亡等。舉例來說,由於濕地水體流速減少,有助於增加沉降作用,使致病菌沉降於底泥中。若致病菌受植物根系所攔截,易受植物所分泌之抗菌物質所抑制。目前已知可有效降低致病菌影響之濕地植物有蘆葦、香蒲、布袋蓮、水芙蓉等。然而影響濕地系統致病菌去除效率的主要因子除了植物、日光、重力沉降和礫石過濾外,pH 值、水深和溫度也是致病菌去除之重要因子。

(5) 人工濕地植物及微生物除污功能

人工濕地內大型水生植物 (aquatic macrophysics) 主要為草本,草本植物組織較為柔軟且含葉綠素,草本植物大都為一年生,濕地中常用除污植物為蘆葦、香蒲、布袋蓮及水芙蓉等。另外,濕地內亦可區分挺水植物 (emerged plants)、浮水植物 (floating plants) 及沉水性植物 (submerged plants),其特性係依據植物在濕地環境中生長型態描述,其挺水性植物生長型態為植物根部長於水面下之土壤中,莖葉部分挺出水面生長,一般常見挺水植物如:水薏衣、水丁香、蘆葦及香蒲。而浮水性植物之生長型態,其根部不生長於土壤當中,因此會隨著水流而漂浮,常見浮水性植物如:水芙蓉、浮萍及布袋蓮。沉水性植物生長型態為,植物體浸於水中,多生長於水深較深,仍有光線之水域,常見之浮水性植物如:眼子菜、苦草及金魚草。

Iamchaturapatr et al. (2007) 監測表面流系統植物對高營養鹽含量之去除效率,浮水性植物根據植體重量估算其可去除最大量之營養鹽,而挺水性植物根據植物覆蓋面積,可得最大營養鹽去除率。挺水性植物之根系重量重於莖,導致全植體重量估算得較低之營養鹽去除率,植體種類選擇及植種覆蓋面積影響營養鹽去除之估算。Avsar et al. (2007) 監測以色列六座新構築之濕地系統,最有效之植種為蘆葦,而火山灰岩 (tufa) 為最佳之濕地介質。污染物 COD、TSS 及氨氮去除率分別為 71.8、92.9 及 63.8%,惟磷之去除率並不佳,僅 16.2%。低氮污染負荷植物吸收為主要去除機制。Lee and Scholz (2007) 研究蘆葦處理都市非點源逕流廢水於垂直地下流系統之扮演角色。BOD 之去除率經二年監測顯示,有植栽及無植栽濕地系

統並無顯著差異，然而營養鹽去除率在植栽系統則較控制組有穩定且較佳之效率。本研究結果顯示，硝化、硫氧化、脫硝及硫酸還原反應可同時發生於濕地植體根系附近環境，因其包含動態之好氧及厭氧環境，根系微生物扮演重要角色。

(6) 根區降解法 (Rhizodegradation)

透過根區的微生物分解土壤中的污染物 (Mukhopadhyay and Maiti, 2010)。加強根區污染物降解的主要原因可能為微生物數量及代謝活動的增加。植物可透過分泌含有碳水化合物、胺基酸和類黃酮的分泌物，刺激根區微生物的活動使其活動量提高 10~100 倍。植物的根部可釋放含營養成分的分泌物，提供土壤中微生物碳和氮的來源，並且創造一個富含營養的環境來刺激微生物的活動。除了分泌有機質促進根區微生物的生長和活動，植物也釋放出一些可以降解土壤中有機污染物的酶 (Kuiper et al., 2004；歐文生，2005；陳氏，2008)。進一步根區降解機制將於 4.3.1 節說明。

(7) 植物淨化功能

其內容包括濕地處理系統 (表面、地下)、水生植物處理系統、草溝、人工浮島等。

提高水生植物淨化水質成效之研究，可以得到結論如下：

1. 野外濕地進行廢水淨化效能較溫室濕地高。但又由於野外濕地環境條件較難控制，較易受天候所影響，可能會因降雨而減低廢污水中的污染物濃度，抑或因艷陽高照下水體的蒸散劇烈，致使廢水中的污染物濃度又會升高。
2. 以低種植密度處理廢水時，應可以批次式進流方法進水，其淨化能力尚能穩定。
3. 植物適時的收割對於氮磷的去除有相當大的影響。因此水生植物在濕地淨化水質中占了一個很大的因素。不論何種水生植物都有淨化水質效能，只是因水生植物種類不同，其去除水污染效能有不同而已，在 Cardwell et al. (2002) 指出流動水域中 21 種水生植物鋅、銅、鉛和鎘重金屬含量，在沉水型的水生植物中觀察到的重金屬含量為最高值，開卡蘆也可去除工業廢水中所含之污染物質。也能吸收重金屬污染，如錳金屬去除效果能達到 90～100%。布袋蓮也被發現對銅、鉛、鋅、鎘等具有顯著的移除效果。在實際操作上，要提高水生植物淨化水質成效，必須注意濕地生態的維護、濕地植物的管理 (植物適時的收割對於營養鹽的去除有關鍵性的影響) 和濕地植物的保護。

3.2 濕地效益評估

污染物移除率、每日污染物負荷量移除率、單位面積每日污染物負荷移除量、營養物質負荷量和濕地污染物的去除速率常數的計算，有助於評估濕地淨化水質效益，美國環保署對人工濕地應用於家庭污水二級處理時所訂設計建議值及參數 (表 3.6) 計算方式如下：

污染物移除率 (%)

$$EEF = \frac{C_i - C_o}{C_i} \times 100 \tag{3.4}$$

每日污染物負荷量移除率 (kg/day)

$$PRR = C_i - C_o \times Q \tag{3.5}$$

單位面積每日污染物負荷移除量 (g/m²/day)

$$APRR = (C_i - C_o) \times \frac{Q}{A} \tag{3.6}$$

其中，

C_i：進流水污染物濃度 (mg/L)

C_o：出流水污染物濃度 (mg/L)

Q：人工濕地的平均流量 (m³/day, CMD)

A：人工濕地處理單元的總面積 (m²)

營養物質負荷量 (loading rate, LR)，包含 BOD、TN、NH4 或 TP 等可被濕地微生物分解的營養鹽類。

$$LR = C_i \times \frac{Q}{A} \tag{3.7}$$

表 3.6 美國環保署對人工濕地應用於家庭污水二級處理時所訂設計建議值

設計參數	表面流人工濕地 (FWS 濕地)	地下流人工濕地 (SSF 濕地)
水力停留時間 (day)	4~15	4~15
水深 (cm)	10~60	30~75
BOD 負荷 (g/m²-day)	<6.8	<6.8
水力負荷 [m³/(m²-day)]	0.014~0.047	0.014~0.047
面積需求 [m²/(m³/day)]	20~72	20~72

資料來源：林瑩峰等人，2004

濕地污染物的去除速率常數 (m/d)

$$K = -\ln(\frac{C_o}{C_i}) \times q \tag{3.8}$$

$$q = \frac{Q}{A} \tag{3.9}$$

其中，q 為水力負荷。

3.3 影響濕地淨化功能之關鍵水質參數

由上述說明可知，濕地淨化功能之機轉涵蓋物理性、生物性及化學性作用，因此其污染物削減的速率和效能常受當下水質參數的影響，以下就簡單列出可能影響之環境參數。

3.3.1 物理性參數

(1) 溫度

溫度 (temperature) 對水質微生物的影響主要為反應效率，溫度越高反應速率越快，所以濕地最高缺氧的時機常發生在夏日白天。溫度對微生物活性關聯性為增加反應速率提高生物活性，因而上層水溶解氧含量將會降低。此外，濕地中進行硝化及脫硝作用時有其微生物最適合的溫度條件，溫度範圍表列於表 3-6。

(2) 懸浮固體

一般固體物大抵包含懸浮固體 (suspended solids, SS) 及溶解性固體。懸浮固體可造成的環境衝擊包括：增加河水濁度、沉降河川形成底泥、沈積水庫影響蓄水量、含有機腐敗物質、耗氧形成惡臭及阻塞魚鰓呼吸等。一般而言，濕地懸浮固體的主要來源為進流水，另可能因有樹葉、泥沙、藻類等的影響，以致中間段有升高的趨勢。

3.3.2 化學性參數

(1) 氫離子濃度 (pH)

廢水處理中沉澱、化學混凝、消毒、氧化還原及水質軟化等處理程序皆受 pH 的影響。水生生物亦對水環境中 pH 值範圍相當敏感。因此，基於維護生態永續的考量，工業和生活廢污水之排放，有控制其 pH 值之必要，以防止對水環境的衝

擊。人工濕地平均 pH 值為約在中性左右，惟流經不同位置之硝化作用而使濕地的中間段 pH 值下降。而 pH 值的下降，顯示化學沉降及硝化作用持續進行。

(2) 導電度

導電度 (electrical conductivity, E.C.) 是量測水樣導電能力之強弱。導電度高表示水中富有豐富溶解態離子。導電度越低，水中所含離子或導電物質含量越少，故導電度可被使用在於水質管理指標上。我國農委會「灌溉用水水質標準」中，導電度 (E.C) 之限值為 750 μS/cm，25°C (μmho/cm, 25°C)。導電度的測量與溫度有明顯的正相關，每提高 1°C 其數值大約增大 2%，因此在測量導電度時需進行溫度校正。

(3) 溶氧

溶氧 (dissolved oxygen, D.O.) 係指溶解於水中的氧氣，這是一項評估水體品質的重要指標。水中溶氧的來源可能來自大氣溶解、自然或人為曝氣及水生生物 (植物、藻類、光合浮游生物) 的光合作用等。水體若受到有機物質污染，則水中微生物在分解有機物的過程會大量消耗水中的溶氧，而造成水中溶氧降低甚至呈缺氧或厭氧狀態。

(4) 營養鹽

水中若存在過多耗氧之營養鹽，如有機碳、有機氮、氨氮、亞硝酸鹽氮、有機磷等，致使濕地系統過負荷，過高的營養鹽可能會造成微生物的毒性，甚至耗盡水體中氧氣，使濕地系統完全失能。此外，氮磷濃度的高低一般跟藻類滋生暨優氧化有關。因此計算並調整污染負荷是管理濕地系統的重點之一。

(5) 重金屬

重金屬係指密度大，且絕大部分在週期素中屬於過渡元素之重金屬化合物及其離子。如土壤及地下水管制標準中管制的重金屬包括鎘 (Cd)、鉻 (Cr)、鉛 (Pb)、砷 (As)、汞 (Hg)、鎳 (Ni)、銅 (Cu) 及鋅 (Zn) 等八大重金屬。其污染來源主要為工業廢水，如電鍍業及金屬表面處理業。國內養豬畜牧業為避免豬隻下痢及皮膚病，常在飼料中添加銅鋅，造成承受水體銅鋅偏高。這些重金屬為非生物分解的物質，一旦進入濕地環境中易抑制微生物生長，進而影響濕地功能之維繫及平衡，對生態環境衝擊不容小覷。

3.3.3 生物性參數

(1) 病原菌

污水工程肇始係為殺滅水媒疾病細菌,包括痢疾、霍亂、傷寒等。大部分的細菌是無害,甚至是有益的,包括釀酒之於飲酒、乳酸菌之於人體消化及活性污泥之於廢污水處理,不過有些細菌是病原體。許多重要的疾病也是由病原細菌造成的,像霍亂、痢疾及傷寒等皆由病原細菌引起的疾病。水中針對病原菌的控制一般以指標微生物大腸桿菌的多寡相關,當過多病原體進入濕地系統,易造成微生物相的改變,進而影響濕地微生物淨化污染物的效能。

3.4 人工濕地實例

在台灣地區下水道系統建設不均情況下,大部分都市污水仍未經污水下水道接管處理,成為河川水質污染狀況惡化之主要原因。然而,下水道系統因無法於短期內建設完成,所以國內目前多藉由構築人工濕地自然淨化系統,其不僅可以降解有機污染物及營養鹽外,對重金屬也有不錯的去除效率,主要用於河川水質提升,結合景觀資源、生態復育等促進生物多樣性之功能,而且其建造費用及維護管理成本相對低廉。傳統二級污水處理廠,其對於重金屬、有機物及毒性物質皆有穩定之去除率,然而在營養鹽的部分並無法達到顯著之效果,需藉由三級處理流程來去除營養鹽;惟三級處理操作維護技術較高,所需經費昂貴。而自然淨化系統具有省能源、低初設費用、低操作維護費等優點,其內含好氧、厭氧的機制,尤適合用於提升二級污水廠之放流水質,降低水中營養鹽,以減低水體優養化問題,進而進行水資源回收再利用。自然淨化系統利用自然環境中之介質,包括水、土壤、植物、微生物與大氣等彼此交互作用時,提供處理污水之能力,即是利用自然界各種反應達到廢水處理之目的。台灣地處亞熱帶氣候區,預期溫暖氣候能促進濕地中植物及微生物生長,進而降解有機物、重金屬、營養鹽等污染物之有利條件,結合氧化塘、表面流及地下流串聯整治列車型人工濕地自然淨化系統對國內水體水質提升具運用潛力。

國內外亦有多起使用生態工程 (ecological engineering) 為落實環境永續發展及生物多樣性保育,採取以生態為基礎,減少對生態系統造成傷害的永續系統工程設計 (表 3.7 與圖 3.8)。如英國倫敦主要水資源來源泰晤士河河旁的英國石油公司,因違反排放標準,英國環保單位命英國石油公司改善,但因水處理廠過於昂貴且無所需用地,英國環保單位遂要求英國石油公司構築人工濕地,藉以補償其環境損

表 3.7　台灣自然與人工濕地統計表

北部地區		中部地區		南部地區		東部地區		外島地區	
縣市別	濕地個數	縣市別	濕地個數	縣市別	濕地個數	縣市別	濕地個數	縣市別	濕地個數
臺北市	2	苗栗縣	4	嘉義縣	6	花蓮縣	3	連江縣	1
新北市	1	臺中市	3	嘉義市	2	臺東縣	7	金門縣	1
基隆市	0	南投縣	5	臺南市	8			澎湖縣	2
桃園市	2	彰化縣	1	高雄市	12				
新竹市	1	雲林縣	2	屏東縣	10				
新竹縣	4								
宜蘭縣	6								
共計 16 處		共計 15 處		共計 38 處		共計 10 處		共計 4 處	

資料來源：內政部營建署

失。構築完成後的人工濕地，不僅可以改善泰晤士河水質、營造生態棲地且可以提供親水活動所需 (圖 3.9)。在美國南加州 Santa Ana 河係美國洛杉磯都會區飲用水來源為節約水資源，其河水並未流入太平洋，而是在出海口河水藉入滲塘補注地下水，然後將地下水抽取回到上游，進行河水再利用。然而由於水中氮營養鹽過高，導致優養化藻類大量滋生堵塞土壤入滲孔隙。原本考量以三級處理廠處理河川水質，經評估三級處理過於昂貴，援以較便宜的自然淨水工法，人工濕地降低水中氮，在詳細評析後證明其不僅經濟且成效良好。

在國內濕地所扮演角色包含提升鄰近河川水質、沉降吸附去除污染物、植物生長吸收降低營養鹽、生物多樣性棲地營造、水資源再利用。其中大型植物藉遮蔽效應可杜絕藻類滋生，吸收吸附污染物，並可提供景觀觀賞等功能。例如高雄大學人工濕地、嘉南藥理科技大學人工濕地、仁德二層行人工濕地、屏東科技大學人工濕地皆為使用自然淨化工法削減人為污染物之典範 (圖 3.8 與表 3.8)。以下為高雄大學人工濕地範例簡介：位於台灣南部高雄大學內設立之自然淨化系統，濕地主要因子包括流量、水力停留時間分述如下：本系統處理水量為 140 CMD，總面積約為 800 平方公尺。係由數個系統串聯而成，各系統下皆鋪放不透水布以防止地下水污染，其系統包含氧化塘暫存池、第一表面流濕地、第二表面流濕地以及地下流水平流濕地。該濕地系統進流水乃利用校園二級污水處理廠之放流水，利用自然處理系統去除二級放流水中含氮營養鹽藉以提升水質。經此人工濕地處理系統處理後之水則放流至東池，作為高雄大學校園內水資源循環使用。主要提供非人體接觸之廁所沖排及植物澆灌。每年可節省 105,100 噸的自來水相當於約台幣 160 萬。於 2004 年 9 月實場正式操作後至今。該系統對有機物去除暨二級放流水水質提升作用顯著，有機污染物之 BOD 去除率達 85.6%；COD 平均去除率為 41.9%，氨氮的

圖 3.8　台灣自然與人工濕地分布圖

(資料來源：內政部營建署)

圖 3.9　泰晤士河河旁人工濕地

去除率為 87.6%。在其他人工濕地數據亦顯示 BOD 和氨氮的去除率都能達到 8 成以上，顯見人工濕地用於提升最終放流水水質之功效 (圖 3.10~3.14)。

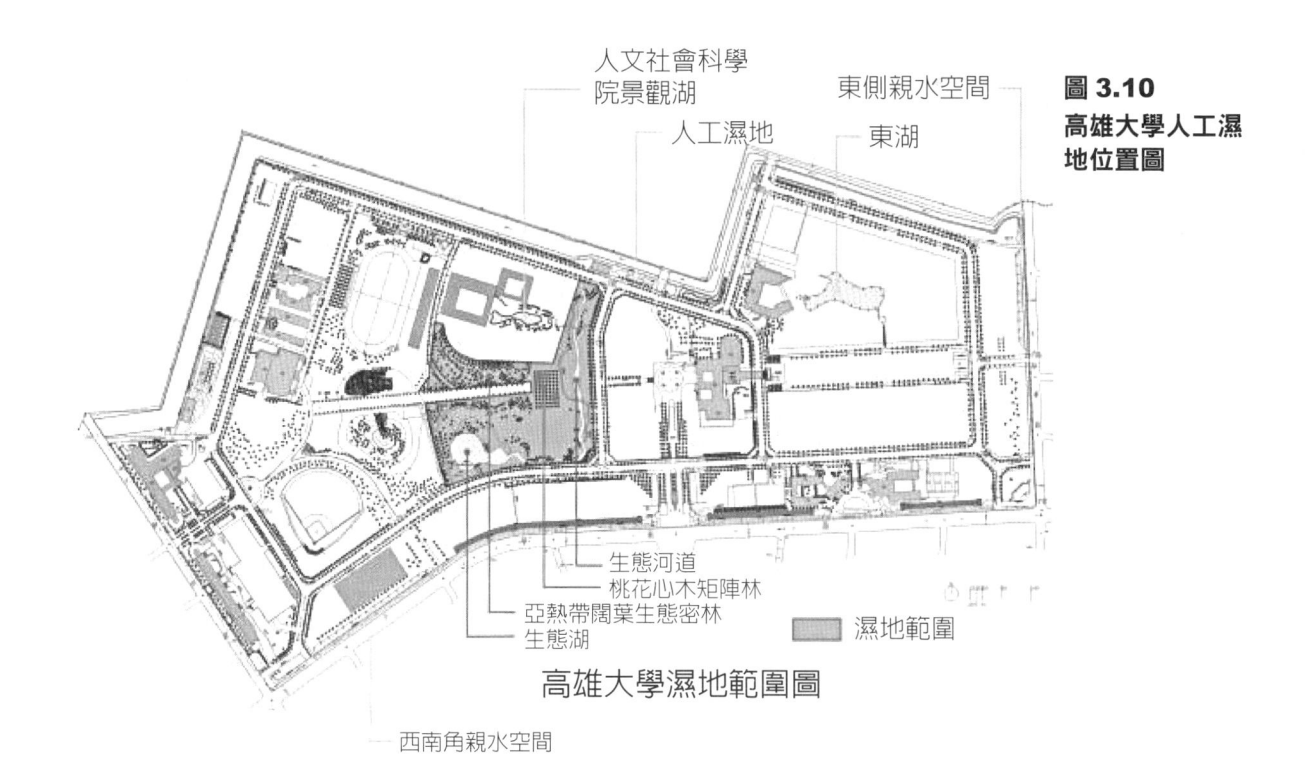

圖 3.10 高雄大學人工濕地位置圖

高雄大學濕地範圍圖

圖 3.11　高雄大學人工濕地漫流系統

圖 3.12　高雄大學人工濕地以浮水性植物吸收水中營養鹽

圖 3.13　高雄大學人工濕地以浮水性植物淨化污水

圖 3.14　高雄大學人工濕地營造生物多樣性環境

3.5　補充說明

3.5.1　淺談廢水穩定塘

　　利用微生物及較低等的植物(藻類)與動物處理廢水，因此生物成員為主要的處理機制。而藻類的存在影響廢水穩定塘系統處理效能及處理水質。在塘上層接觸空氣或是有光層多為好氧環境，隨著深度增加則溶氧下降。

3.5.2 土壤處理法

主要利用土壤間隙的物理性、化學性及生物性作用。依照不同土壤特性、孔徑和地形坡度可分慢滲率和快滲法，所使用的植物種類相當廣泛，從樹木至牧草以致於蔬菜作物。土壤處理法常使用多年生的禾本科植物。特別的是，快速率滲透法，因為所操作的水力負荷相當高，無法提供植物生長。

• 環保小轉彎 •

(1) 人工濕地解決優養化問題

位於南加州橘郡，Sante Ana 河河水並未直接排入大海。而在海口設置多處入滲塘將河水入滲至地下後，再抽至上游回收再利用，但沮喪的是，由於水中含氮濃度過高，藻類滋生過多，其容易阻塞入滲孔隙，此即是優養化延伸的問題。雖能可以廢水三級處理方式解決，但費用過於昂貴，難以實施。而綠色、永續人工濕地能有效解決水中營養鹽的濃度問題。

硝化作用通常發生在有機碳濃度很少的情形下，水質乾淨時發生，自然狀態下在好氧環境硝化作用即可自行反應，只要有足夠氧氣，便能將氨氮轉變為亞硝酸鹽氮、最後再轉為硝酸鹽氮，是自然界中氮循環的重要步驟。因此曝氣是解決氨氮問題的常用方法。

$$NH_3 + 1.5O_2 \xrightarrow{\text{亞硝化單胞菌}} NO_2^- + H_2O + H^+$$

$$NO_2^- + CO_2 + 0.5O_2 \xrightarrow{\text{硝化桿菌}} NO_3^-$$

(2) 另類總氮去思考 - 氮礦化 (nitrogen mineralization)

台灣土壤大多含足夠有機質，在地下缺氧的狀態，脫硝作用預期會發生。環境中氮循環係將有機氮及氨氮 (凱氏氮)，在好氧環境轉化為亞硝酸鹽、硝酸鹽氮稱硝化作用。在缺氧環境中，硝酸鹽將轉化為氧化氮，氧化亞氮最後轉化為無毒的氮氣，此稱為脫硝作用。氮營養鹽在有機質足夠的地下缺氧環境，轉為無毒的氮氣。何嘗不是有機污染物如三氯乙烯、四氯乙烯，降解成無毒的二氧化碳及水，稱礦化作用一樣的化學反應過程。

4 Chapter
植生復育土壤污染整治技術

　　自全球進入工業生產的時代，環境遭受污染已是大家關切的議題之一，污染物透過人為生產、自然循環及微生物轉化等作用遍布於環境中，其中不乏人類已知的致癌物如三氯乙烯、四氯乙烯、砷、苯、鎘、鉻和多氯聯苯，此些污染物通過土壤的浸出、風蝕、植物吸收等方式進入食物鏈，進而危害到人類健康。土壤作為陸地污染的直接受體，往往是污染最為嚴重的地方，首當其衝地面對污染的侵害，同時也是最難處理的介質。

　　許多環境科學家研發了多種針對土壤污染的處理方式，包括土壤翻轉稀釋法、土壤清洗法(水洗、酸洗)、排土客土法、土壤熱脫附等，此些方法主要利用物理或化學的方式，依照污染物的特性對症下藥予以去除。舉例來說，重金屬污染物進入土壤後，大部分會被土壤有機質吸附在表層土壤(< 15 cm)，因此較深層相對乾淨的土壤就可與上層污染土壤進行混合以降低重金屬濃度。土壤清洗法利用了重金屬的錯合與螯合作用，加入化學藥劑將吸附在土壤上的重金屬捕捉至液相，再以溶

圖 4.1
各整治技術經費比較圖

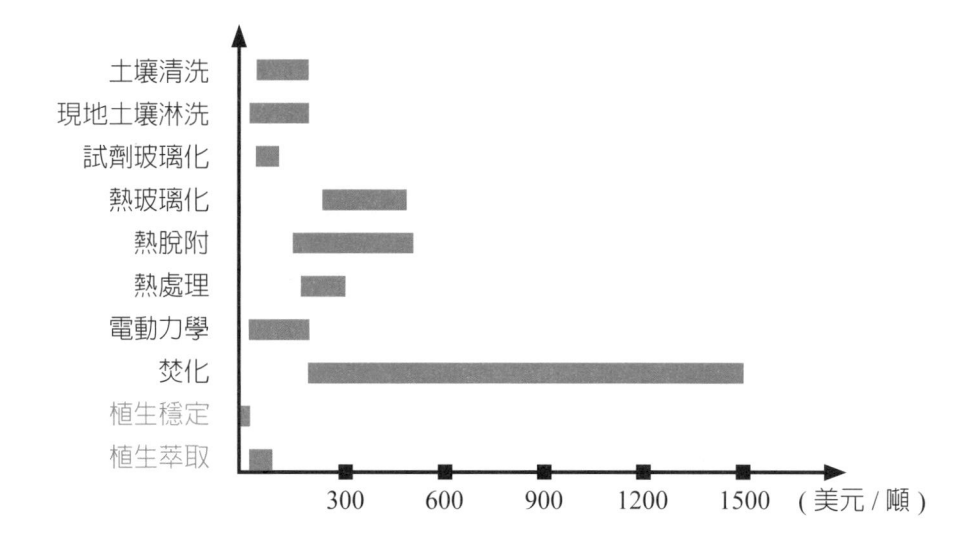

整治技術	經費範圍 (美元/噸)
土壤清洗	
現地土壤淋洗	
試劑玻璃化	
熱玻璃化	
熱脫附	
熱處理	
電動力學	
焚化	
植生穩定	
植生萃取	

(橫軸：300、600、900、1200、1500 美元/噸)

解、沉澱等方式將液相中重金屬濃縮至污泥餅予以去除。又或者是利用污染物的沸點，加熱土壤至超過污染物的沸點將污染物汽化揮發至氣相，再由氣相中捕捉或分解成二氧化碳及水等無毒性物質，此些方式不僅有效且已具商業化模式。然而上述方法也並非完全毫無缺點，例如翻轉稀釋僅是將重金屬濃度稀釋，總量並無改變；清洗法使用化學藥劑，有破壞土壤肥力與結構的可能；熱脫附法則是較為耗能，故有些環保人士漸不支持此些整治方法，轉而追求低耗能、低排放且對環境友善等條件的整治方式。

近年來植生復育法 (phytoremediation) 廣被大家推崇，目前也已發現有幾種植物可有效的作為植生復育之物種，除能有效的處理受污染土壤外，更節省了經濟成本，同時也為一環境友善之「綠色整治技術」，從圖 4.1 也可看出植生復育整治技術所需之花費較其他處理技術便宜。植生復育技術主要是透過植物的生理機制與污染物間的作用以去除污染物，本章即是介紹植生復育的相關知識，包含植物的生理構造、植物吸收元素的作用、植生復育處理污染物的機制、適合用於植生復育的植物，以及相關植生復育的試驗結果探討等，期能給予讀者更多植生復育相關的概念與應用方向。

4.1 植物的生理構造與作用

4.1.1 植物的生理構造

植物的基本構造如圖 4.2，可概分為六個部分：根、莖、葉、花、果實、種子。根、莖、葉負責運送植物生長所需的養分及水分，是植物的營養器官；花、果

圖 4.2
植物的主要器官

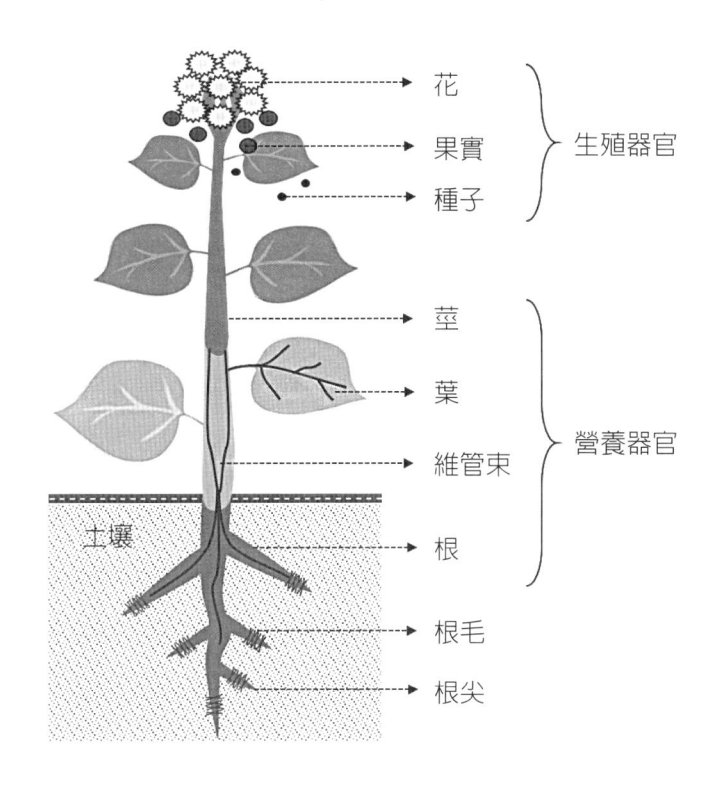

實、種子負責繁衍下一代，故為植物的生殖器官。植物吸收元素主要依靠根莖葉等營養器官，各個營養器官所涵蓋的部分與扮演的角色也各不相同。

(1) 根

植物的根在植物體內扮演吸收土壤中水分及養分的角色，供給植物生長利用，另一重要作用則是可以固定植物。根的種類大致上可分為兩種：一種是軸根系 (taproot system)，是由初生根向下發展成主根 (main root)，再由主根依序向外生長成第二支根 (branching root)、第三支根。另一種是鬚根系 (fibrous root system)，是初生根在幼苗時期就已枯萎，而其莖底部產生許多粗細相似的不定根系，常見的鬚根系植物如玉米、水稻、小麥等。

植物根的外部構造示意如圖 4.3，由四個部分組成，由下至上分別是根尖 (含分生組織)、根冠、延長部及成熟部。根尖具有生長點 (growing point) 與分生組織，細胞小但核大且細胞質濃厚，可以不斷進行細胞分裂，增長細胞。根冠 (root cap) 是保護根尖內部生長點的組織。延長部 (region of elongation) 則位於根尖分生組織上方，細胞不分裂、處於分化狀態，細胞吸水而延長。成熟部 (region of maturation) 位於延長部上方，已經分化為各項組織細胞，此處的表皮細胞可以特化形成根毛 (root hair)，增加根部吸收水分的表面積。

圖 4.3
植物根區的縱剖面示意圖

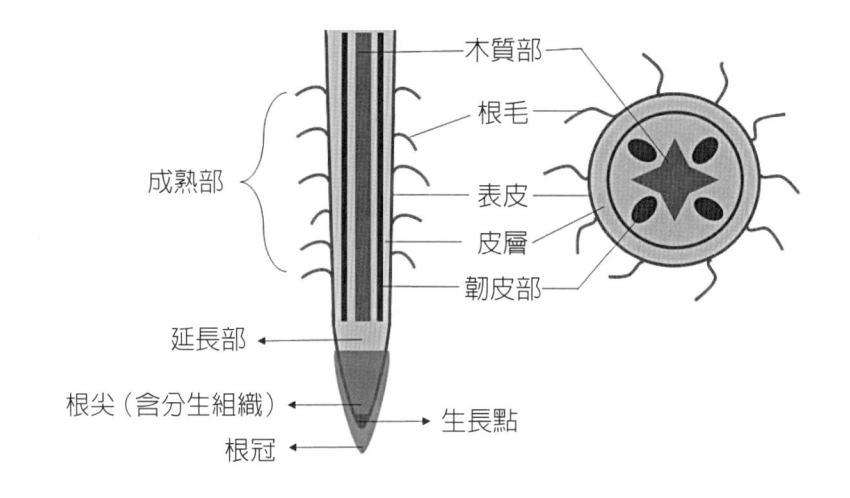

從成熟部的橫切面進一步觀察，如圖 4.4，由外到內的組織分別是表皮、皮層、內皮、中柱 (含周鞘、維管束、髓)。當中表皮 (epidermis) 是一種扁皮且排列緊密的細胞，具有保護根部與吸收的功能。皮層 (cortex) 則是由薄壁細胞構成，排列較為鬆散，細胞內常有澱粉粒，能夠儲存養分及水分。內皮 (endodermis) 位於皮層內側，由一層排列緊密的細胞構成，負責分隔皮層及中柱，大部分內皮細胞的細胞壁已木質化，其他未木質化的內皮細胞可作為水由皮層進入中柱的通道，內皮

圖 4.4
植物根區的橫剖面示意圖

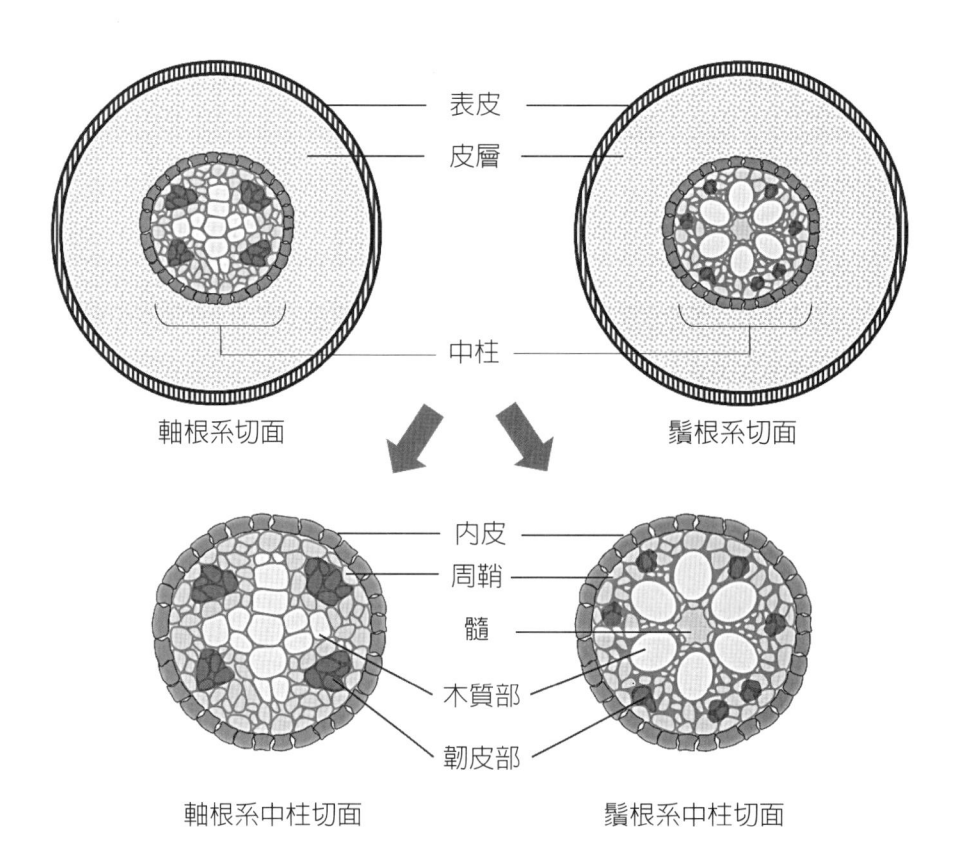

軸根系切面　　　　　　鬚根系切面

軸根系中柱切面　　　　鬚根系中柱切面

實用環境化學──生態環境篇

細胞相鄰的細胞壁具有卡氏帶 (Casparian strip) 內含有大量木栓質 (不透水)，可控制水分及無機鹽類進出。中柱 (stele) 裡的周鞘 (pericycle) 是可行細胞分裂的分生組織，向外分裂生長成支根，維管束 (vascular) 則可分成三個小部分，由外至內依序是韌皮部 (phloem)，負責運輸養分；中間是形成層 (cambium)，具有分裂能力，產生新的細胞補充木質部與韌皮部；裡邊是木質部 (xylem)，負責運送水分。中柱裡的髓 (pith) 則是儲存養分及水分的薄壁細胞，是單子葉植物特有的組織。

(2) 莖

植物的莖 (stem) 是支持植物體與運輸養分的主要器官，部分植物的莖也具有行光合作用、蒸散作用或儲存物質的功能。莖的外部構造如圖 4.5，莖上生長新葉及新芽的部位稱為節 (node)，節與節之間稱為節間 (internode)。在節上萌生的芽稱側芽 (axillary bud)，依生長時間逐漸發育成枝條。在莖頂端的芽稱頂芽 (terminal bud)，可使莖持續向上生長。不同種類的植物，莖的構造也不同，如草本植物的莖屬於柔軟較無支撐力，其支撐力源自細胞的膨壓。而木本植物則有較明顯的主莖，質地堅硬且較高大，有較明顯的木質化，支撐力較草本植物佳。

將植物的莖橫切剖面來觀察 (示意如圖 4.6)，莖的內部構造分表皮、基本組織、維管束及髓腔等。最外層的表皮是排列緊密的表皮細胞，通常具有一層角質層 (cuticle) 來保護內部組織及防止水分散失，內部的基本組織為薄壁細胞組成，則用來儲存水分與養分。維管束則含有韌皮部、形成層以及木質部。韌皮部中包含篩管、伴細胞與韌皮纖維。篩管細胞負責養分的運輸，伴細胞則協助篩管運輸氧分。

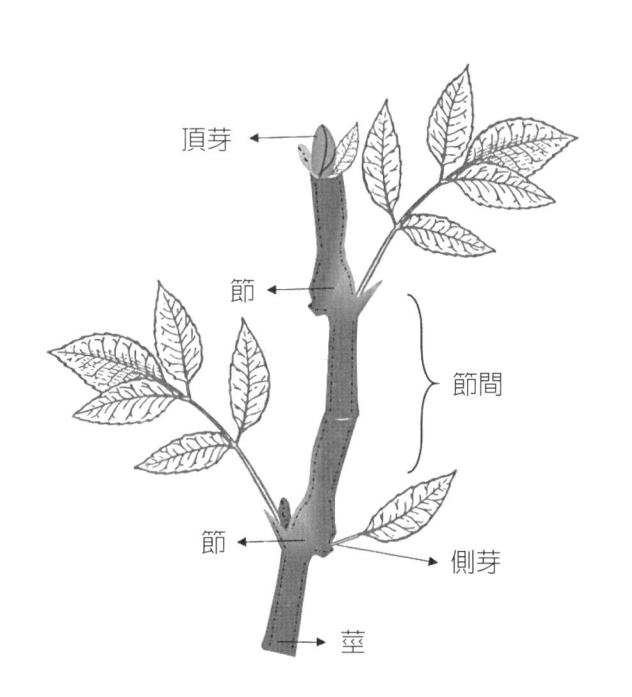

圖 4.5
植物的莖的外部構造示意圖

圖 4.6
植物的(橫切剖面)莖的內部構造

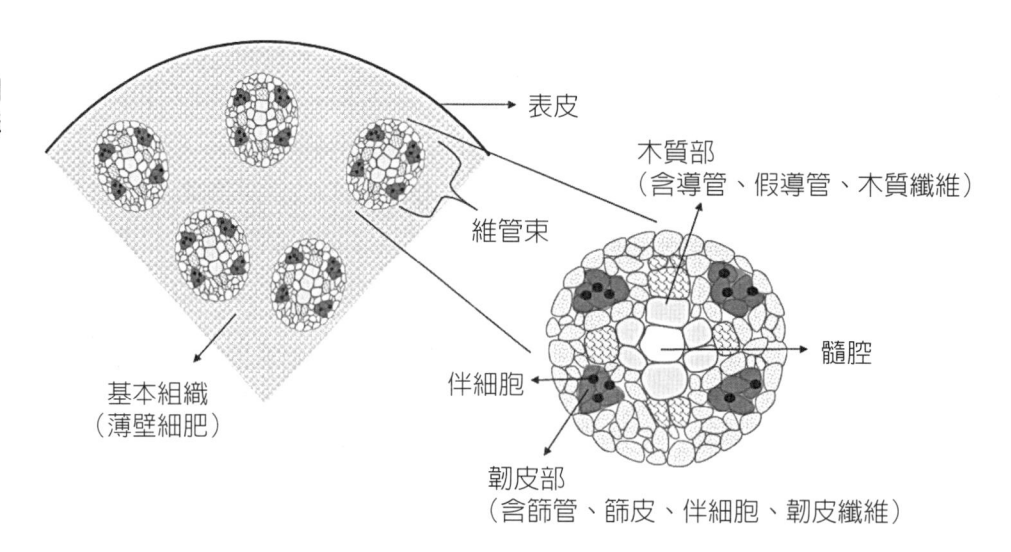

木質部包括導管、假導管及木質纖維，功用為運輸水分及無機鹽類，同時木質細胞也是支撐植物體的主要部位。有些單子葉的莖最中心是髓腔 (central cavity)，同樣由薄細胞組成，儲存養分和水分。

(3) 葉

葉子 (leaf) 是植物行光合作用與呼吸作用的重要器官，同時也是水分蒸散的通道。葉子的外觀較為單純，包含葉柄、葉片、托葉與葉脈等部分，葉柄 (petiole) 是連接莖與葉片之橋樑，同時也是支持葉片的支柱；葉片 (phylla) 通常呈長扁平狀，以增加行光合作用的面積；托葉 (stipule) 則是生長在葉柄基側兩旁，用以保護嫩芽。葉脈 (vein) 是由莖部的維管束延伸而來，主要負責輸送水分與養分至葉片，如圖 4.7。

葉子橫面剖開如圖 4.8，可觀察到葉片的表皮分為上表皮與下表皮，通常表

圖 4.7
葉子的外部構造示意圖

圖 4.8
葉面的橫切面

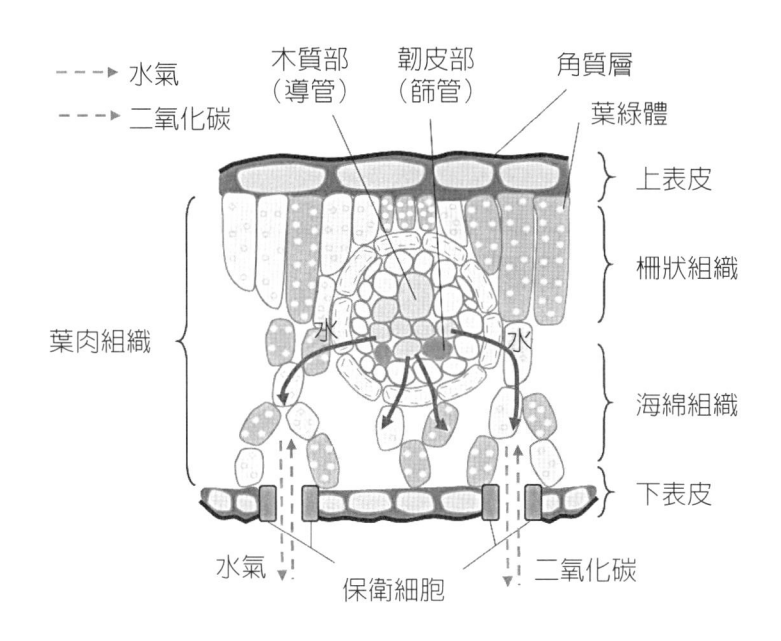

皮的外層還會有一角質層用於保護表皮細胞。表皮有排列緊密且成對的保衛細胞 (guard cell)，每對保衛細胞可開合，是植物的氣孔，可讓水分與空氣中的氧氣、二氧化碳，完成蒸散作用。氣孔的分布並不是均勻的，葉片尖端的氣孔數較多，葉片基部的氣孔較少，而葉緣的氣孔數也較葉脈處少。

較靠近上表皮且排列緊密的細胞是柵狀組織 (palisade tissue)，葉綠素含量通常較多，靠近下表皮且排列較鬆散的細胞是海綿組織 (spongy tissue)，兩者合稱葉肉細胞，由具有葉綠體的薄壁細胞組成，是植物行光合作用最主要的地方。葉子的中心是由維管束延伸的葉脈，負責傳遞養分與水分。

(5) 花、果實及種子

花 (flower)、果實 (fruit) 及種子 (seed) 是植物的生殖器官，負責繁衍後代。其中花是被子植物特有的生殖構造，由花萼、花冠、雄蕊及雌蕊四個部分組成，若同時包含上述四種構造的花稱為「完全花」，若只具備雄蕊或雌蕊者則稱為「不完全花」。花粉 (pollen) 即是花粉母細胞經減數分裂而形成，具有生命之雄性配子體，當雄蕊的花粉經外力傳播到達雌蕊的柱頭，花粉管即自花粉孔中伸出將花粉粒內之精核 (sperm) 送至胚珠內之卵子使之受精，受精後之胚珠則逐漸發育成為種子。

果實也是被子植物特有的生殖構造，其在花朵授粉後形成，具有保護種子的功用，也可藉外力引導而傳播種子。果實的構造由外而內依序為外果皮、中果皮、內果皮與種子。發展後的種子在適當環境下可再生長成為成熟的植物，種子的主要構造包含種皮、子葉、胚珠及胚乳。胚珠含有大量分生組織，是種子發育的主要部

分。單子葉植物的種子，其發育所需的養分主要存於胚乳中 (如玉米)；而雙子葉植物的養分則主要存於子葉中 (如綠豆)。

4.2 物質在植物體內的傳輸

4.2.1 溶液的傳輸

植物生長與水密不可分，植物細胞內約含 70~90% 水分，植物由根部吸收水分、經過傳輸至植物體內各組織使用，植物行光合作用時也需要水分參與，而在蒸散作用時散失水分。此些作用構成植物體內水分的代謝循環，使植物生長，因此了解水分在植物體內的運輸行為係相當重要。

水在植物體內的移動，主要透過植物體內不同部位水的自由能差來完成，或稱為水勢 (water potential)。水勢是一種描述水的移動能量高低的方式，將純水的自由能當成比較值，指的是在單位體積中水與純水間的自由能差，如 (4-1) 式，單位為壓力 (Pa)，用符號 ψ_w (音念 [psi]) 表示。

$$\psi_w = \frac{\mu_w - \mu_w^0}{V_w} = \frac{\Delta \mu_w}{V_w} \tag{4-1}$$

上述式中，μ_w 是水的自由能，μ_w^0 表示純水的自由能 (一大氣壓下為 0)，V_w 為水在定溫定壓下水的體積，單位為 cm^3/mol。由於水勢與水的自由能有相當大的關係，因此受到可影響自由能的因素影響，例如壓力、溫度、溶質、基質 (蛋白質、碳水化合物等)。當壓力或溫度增加時，水勢提高，反之降低。當溶質或基質濃度上升時，水勢則降低。水的移動方向是由水勢高往水勢低的地方移動。

植物細胞中的水勢主要由細胞的溶質勢 (solute poential, ψ_s)、細胞隙的壓力勢 (pressure potential, ψ_p) 及細胞的基質勢組成 (matric potential, ψ_m)，如 (4-2) 式表示。

$$\psi_w = \psi_s + \psi_p + \psi_m \tag{4-2}$$

上述的滲透勢、壓力勢與基質勢於「植物生理學」中均有詳細介紹 (柯氏，2016)，本書僅概略說明如下：

(1) 溶質勢

當水中加入溶質後形成溶液，因溶質在水中與水分子相互碰撞，使水的自由能下降，小於純水的自由能，因此溶液的水勢相較於純水永遠是負值 [計算如 (4-1) 式]。此稱為溶質勢，以符號 ψ_s 表示。而當溶液存在於一具有半透膜 (只允許水分等小

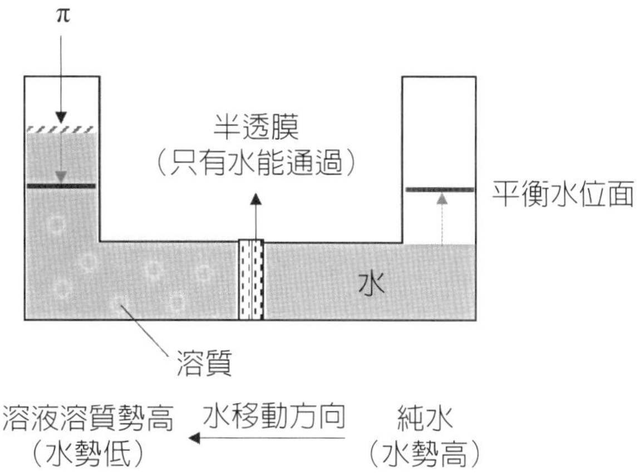

圖 4.9
溶質勢 (滲透勢)
概念圖

分子通過) 的系統時，如圖 4.9，系統左邊為溶液，右邊為純水，因溶質的水勢較純水低，因此水會通過半透膜往左邊滲透使液面升高，此時給予一壓力 π 將系統兩端的液面平衡，此壓力稱為滲透壓。滲透壓的大小可以滲透勢表示，因系統中滲透勢與溶質勢呈現正相關，當溶質勢越大時，滲透勢也越大，因此溶質勢也可當成是滲透勢，且為負值。

$$\pi = \frac{RT}{V_A} \ln \frac{P_A^0}{P_A} \quad (4\text{-}3)$$

π = 滲透壓，atm
R = 氣體常數 = 0.08206 L atm/mol·K
T = 絕對溫度，K
P_A^0 = 稀溶液中溶劑之蒸氣壓
P_A = 濃溶液中溶劑之蒸氣壓
V_A = 溶劑每莫耳之體積 (水 = 0.018 L/mol)

(2) 壓力勢

系統的壓力提高時，會提高水的自由能而提高水勢。水進入植物體內使液胞體積擴大，使細胞內壁受壓，細胞壁的反作用力則使細胞中水的自由能上升，水勢增加。此稱為壓力勢，以符號 ψ_p 表示。壓力勢必定為正值，除非是進行蒸散作用時的植物導管內呈負壓，才是負值。

(3) 基質勢

當系統中存在基質 (如蛋白質、親水性物質等)，會吸附水分子從而使水的自由能降低，導致水勢降低。此稱為基質勢，以符號 ψ_m 表示，通常也是負值。當幼

小的植物生長時，細胞與水結合的作用較為明顯，但當植物成熟後，細胞基質已飽滿吸附水分子，對水分子的自由能影響已趨近於零，因此成熟植物的基質勢通常可忽略不計。因此可簡化 (4-2) 式的描述，即水勢等於溶質勢加上壓力勢 [(4-4) 式]。

$$\psi_w = \psi_s + \psi_p \tag{4-4}$$

由 (4-4) 式可了解植物體內水的移動方向係由水勢高往水勢低移動。一般而言，植物根部本身就儲存一定含量的營養元素，水勢為負，故土壤的水分會主動進入根中。土壤對於植物根部細胞間的水勢大小為：木質部＜周鞘＜內皮層＜皮層＜表皮＜土壤。換句話說，水分會依照此水勢逐漸由土壤依序傳輸至植物的木質部，再由木質部透過其他作用運送至植物體內各部位。相同的道理，如圖 4.10，當植物根部的土壤環境中所含溶質較多，如土壤過度施肥、土壤鹽度過高時，溶質勢越為負，導致土壤的水勢下降，小於植物細胞的水勢，水便會由植物細胞往土壤傳輸，造成植物細胞脫水死亡。若是相反情況，當植物根部細胞的水勢小於土壤環境的水勢，此時水便會由土壤環境滲透進入細胞中，幫助植物吸收水分。當兩端的水勢相同時，水分的移動則處於平衡狀態。

經過水勢的觀念，我們已可知道水的流動方向，圖 4.11 是水在植物體內的傳輸示意圖，植物吸收水分的作用主要可分成三個部分：(a) 滲透作用；(b) 根壓與毛細作用；(c) 蒸散作用。

進入植物根部的水分形成根壓，根壓使得植物根部的水勢上升，因此會將水往內部組織傳送。一般而言，水分上升的高度與根壓成正比，當根部吸收越多水分，根壓越大，水分由根部推升至莖部的高度也越高。

植物體內的木質部的導管產生的毛細作用也是植物吸收水分的作用力之一，當導管的管徑越小時，毛細作用吸水的效果越好，使水在導管內形成一連續水柱，幫助水向上運輸。

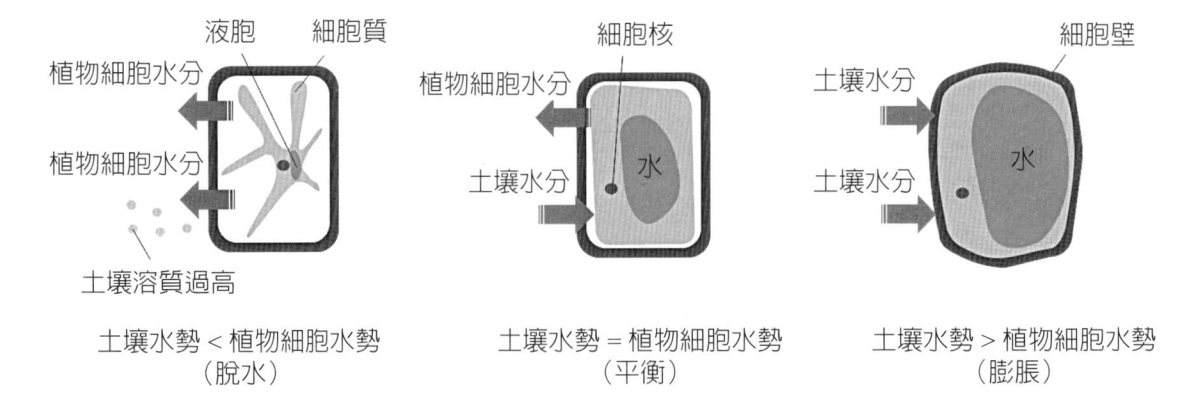

圖 4.10　土壤水勢對植物水分吸收影響

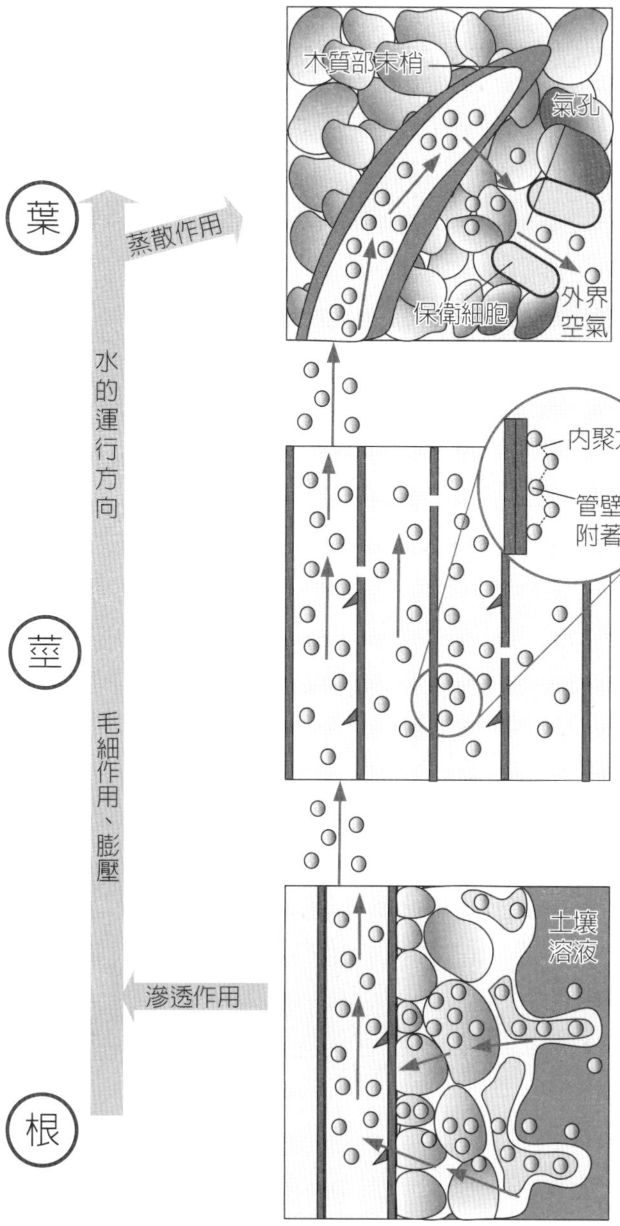

圖 **4.11**
植物根部吸收水的傳輸路徑圖

　　木質部導管內的水分傳輸至頂端利用的是葉面的蒸散作用，當植物進行呼吸作用時，葉面氣孔打開進行蒸散作用，葉肉細胞的含水量逐漸降低，水勢降低，因此木質部即將水導入葉肉內，使得木質部內的水逐漸往上拉升。

　　植物的蒸散作用受到多種因子的影響，如表 4.1，植物本身的氣孔數目越多，蒸散作用的速率越快。其他影響蒸散作用的環境因子如日照時間、溫度、相對濕度與風速等。當日照時間越長，氣孔開放的時間也越久，蒸散作用的速率越快；反之，若夜晚較長，則氣孔關閉時間久，蒸散效率差。而環境溫度越高蒸散作用的效

表 4.1 影響植物蒸散作用的因子

來源	因子	描述	影響關係
植物	氣孔數目	氣孔數目越多，蒸散作用速率越快。	蒸散率隨氣孔數增加而線性上升
環境	日照時間	日照時間越長，氣孔開啟時間越長，蒸散作用速率越快；反之，日照時間越短，氣孔關閉時間越長，蒸散作用速率越慢（部分植物氣孔於夜間打開，則相反）。	蒸散率隨日照時間增加而呈對數型上升
環境	溫度	溫度越高，蒸散作用速率越快，但溫度過高時，植物會將氣孔關閉。	蒸散率隨溫度線性上升
環境	相對濕度	相對濕度越高，蒸散作用速率越慢。	蒸散率隨相對濕度線性下降
環境	風速	風速越強，越容易將氣孔逸出的水分帶走，蒸散作用速率越快。	蒸散率隨風速呈對數型上升

率也越快，但溫度過高時，植物為保護自身，則會將氣孔關閉。環境的濕度越高，蒸散作用的效率越慢，另外當環境的風速較強時，可加速蒸散作用的速率。

4.2.2 無機物在植物體內的傳輸

植物除了從外界吸收二氧化碳與氧氣外，尚需從外界獲取礦物質來維持植物的正常生長。植物會利用礦物質來建構自身構造、參與酶催化反應、能量代謝與各種

生理作用。植物係透過根部吸收礦物質 (或稱無機鹽類，也包含重金屬)，主要吸收無機鹽類的區域在根尖，因根尖的表皮細胞具有吸收能力，不過根尖的傳輸系統尚未發展成熟，其吸收無機鹽類後無法立即傳輸至其他部位。但植物的根毛區因發展較為成熟且已具備傳導組織，因此根毛吸收無機鹽類與傳輸的情形較為旺盛。因此，可將植物吸收無機鹽類的路徑分成根部吸收與根部傳輸。說明如下：

(1) 根部吸收

土壤中的無機鹽類一般溶於土壤孔隙水中，形成土壤溶液。此時無機鹽類以溶解態的離子形式存在。透過根部進行的呼吸作用產生 H^+、OH^- 以及 CO_2 溶於水中形成的 HCO_3^- 離子與土壤溶液中的陰、陽離子進行交換，此方式不需消耗能量 (圖 4.12a)。

除了溶解於土壤溶液中的無機鹽類外，植物根部可透過土壤溶液與吸附於土壤膠體表面的無機鹽類進行離子交換 (圖 4.12b)，或是根部直接接觸到土壤膠體表面的離子進行交換 (圖 4.12c)。

此外，對於難溶解的無機鹽類，則是透過植物根部釋出的 CO_2 溶解於水形成碳酸，或直接分泌出檸檬酸、蘋果酸等與難溶解的無機鹽類作用，增加無機鹽類的移動性，進而被吸收 (圖 4.12d)。

(2) 根部傳輸

當含有無機鹽類的土壤溶液經過土壤剖面時，其所攜帶的溶質可能受土壤膠體的吸附或交換而移動，因此，無機鹽類往植物根部的移動不只是因根部進行蒸散作用形成的水勢差，使土壤溶液向根部移動，亦包括了對應於濃度梯度所引起的分子擴散，以及溶質之間可能的相互作用，甚至和土壤固體基質發生連續性的物理及化學反應。

無機鹽類於土壤中的移動主要為分子的擴散及藉土壤孔隙中水分子流動時產生的溶質對流。主要可分成質流 (bulk flow) 與擴散 (diffusion)：

質流 溶解於土壤溶液之溶質，隨著土壤水分之整體移動，稱之為質流，而單位時間流過單位截面積土壤之溶質量，即為質流之通量 (flux)，此通量之大小可決定土壤中污染物之濃度。

擴散 溶解於土壤溶液中之溶質 (無機鹽類分子或離子)，因濃度梯度 (concentration gradient) 由高濃度往低濃度方向移動，稱之為擴散。擴散流束 (flux)，決定於濃度梯度和重金屬在土壤中之擴散係數，濃度梯度和擴散係數越大時，則擴散流束越大；反之，則小。

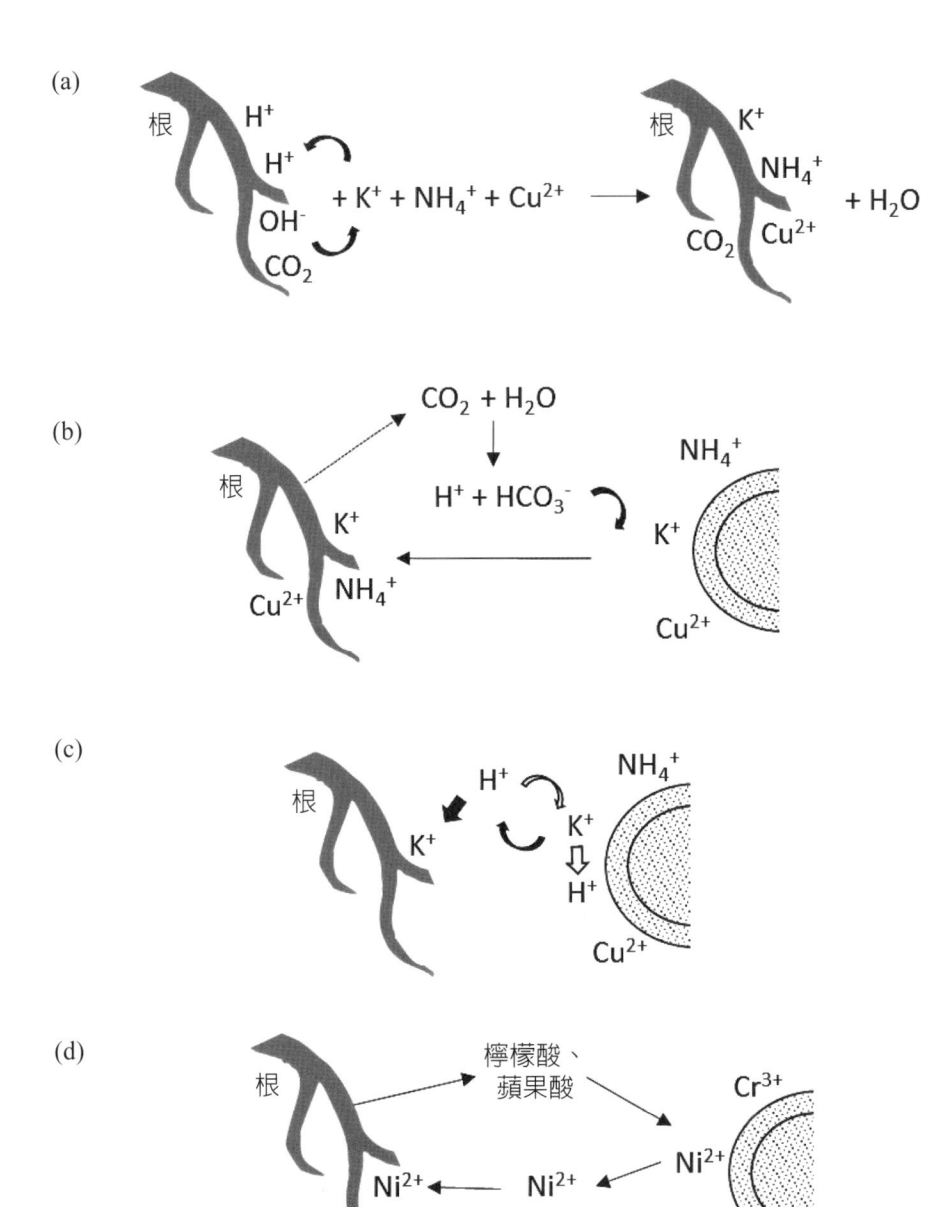

資料來源：依據柯氏，2016，「植物生理學」重製

圖 4.12 根部吸收無機鹽類的方式。**(a)** 與土壤溶液作離子交換；**(b)** 與土壤膠體表面進行間接離子交換；**(c)** 與土壤膠體表面進行直接交換；**(d)** 將土壤膠體表面離子溶解後再進行交換

土壤溶液透過上述方法抵達根部表面後進行不同方式的離子交換，使無機鹽類進入根部。進入植物根部的無機鹽類與外界達到濃度平衡後，進行質體外運輸 (apoplast)，同時離子也經由原生質膜進入細胞行共質體運輸 (symplast)。質體外運輸沿著細胞壁中的空隙利用擴散及對流傳輸 (單向無對流)，從表皮、皮層傳輸至內皮層時，不透水的卡氏帶 (Casparian strip) 會阻擋水及離子的運送，使得無機鹽類必須轉入細胞質膜經由共質體運輸，才得以進入木質部導管。

　　共質體運輸則利用根毛細胞膜上的通道讓水與無機鹽類 (離子型態) 進入到細胞質內，直接透過細胞與細胞間的傳遞，經由皮層、內皮層及周鞘進入根內部的導管細胞，此種運送為主動，需耗能且通道蛋白 (channel protein) 具有離子選擇性，表 4.2 說明共質體運輸與質體外運輸的差異，過程則示意如圖 4.13。

4.2.3　有機物在植物體內的傳輸

　　植物行光合作用產生的養分，大部分藉由維管束的韌皮部 (phloem) 運送到各部位，與木質部依照物理方式單向的傳輸不同，韌皮部內有機養分的運輸可為雙向運輸 (向上或向下)，是依據植物體內各構造對能量的需求來分配，只要任何構造

表 4.2　無機鹽類在植物體內的傳輸方式

方式	路徑
共質體運輸	皮層 (通道蛋白篩選)→內皮→中柱
質體外運輸	細胞間隙→內皮 (卡氏帶控制)→中柱

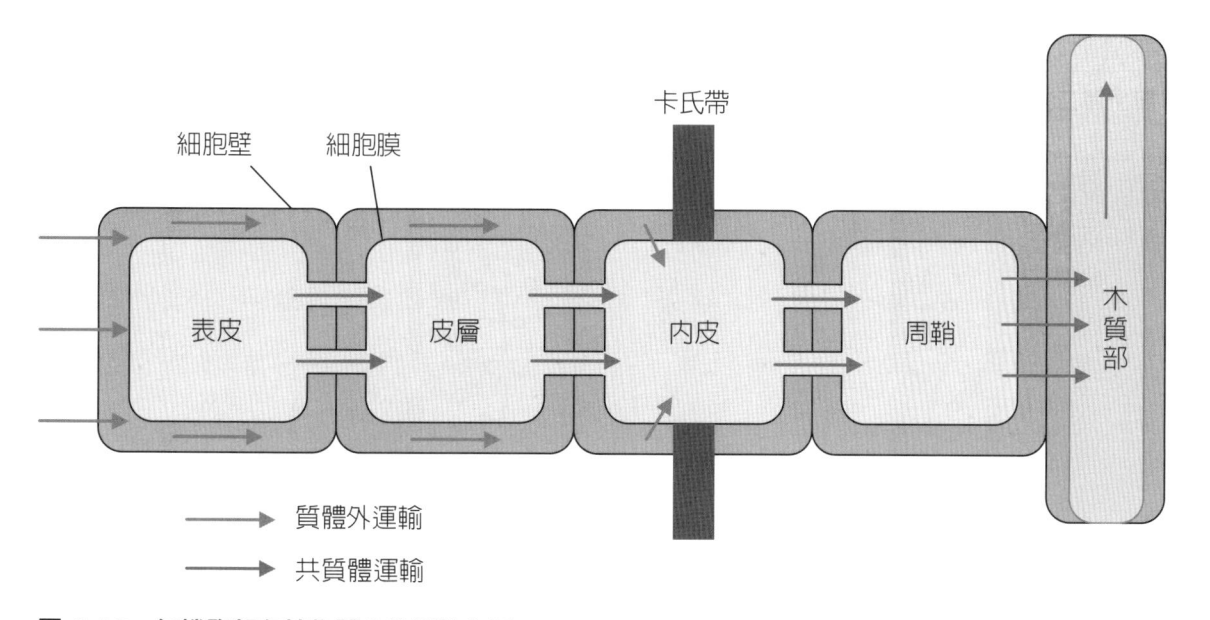

圖 4.13　無機鹽類在植物體內的運輸作用

有能量上的需求，多餘的能量就會供給予該構造。蔗糖和含氮化合物等有機養分由篩管運送到各需求部位，此種長距離運送主要是靠壓力和濃度梯度推動。

韌皮部的構造可參考圖 4.14，其與木質部均為多種細胞構成的複合組織，可由原始形成層 (procambium) 分化或由形成層 (vascular cambium) 分化而來。主要構造有篩細胞 (sieve elements)、篩孔 (sieve pore)、伴細胞 (companion cell)、薄壁 (葉肉) 細胞 (parenchyma) 等。

韌皮部的伴細胞是被子植物特有的薄壁細胞，其源自同一個母細胞多次分裂後產生，體積較大的為篩管細胞，其餘則是伴細胞。伴細胞可將葉肉細胞行光合作用產生的養分 (蔗糖) 輸送至篩管細胞內，再依照植物體內各部位的需求進行輸送。輸送的方式係依照維管束內各區段的壓力差來運輸，進入篩管細胞後的蔗糖使得篩管細胞的濃度較其他莖、葉部位的濃度高，因此形成濃度梯度。

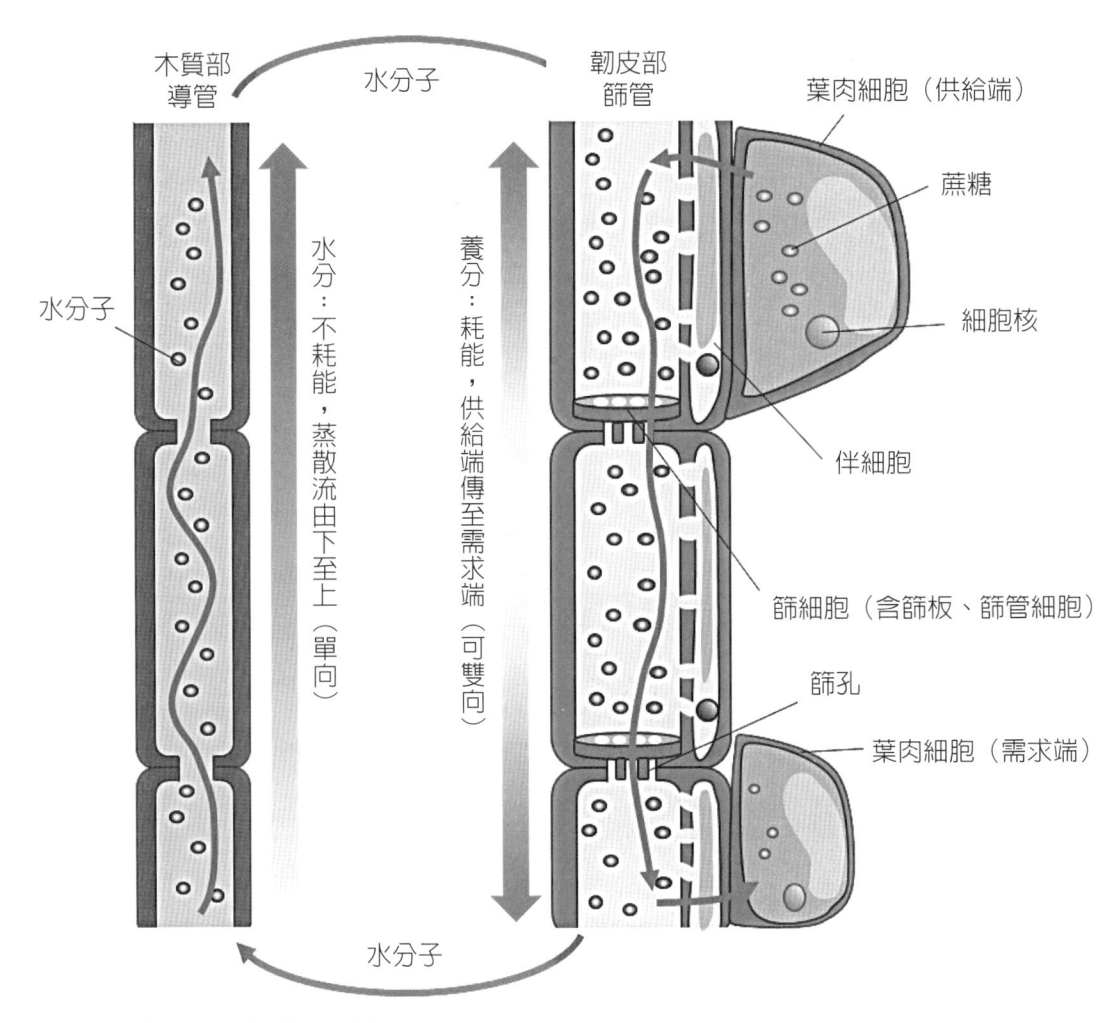

圖 4.14　養分在植物體內的傳輸方式

表 4.3　植物體內木質部與韌皮部傳輸物質作用比較

項目	木質部	韌皮部
運輸動力	蒸散作用 (滲透作用、根壓、毛細現象、蒸散作用)	壓力流 (主動運輸、膨壓)
運輸物質	水、無機鹽類	有機養分 (蔗糖、含氮化合物)
運輸方向	單向 (下→上)	雙向 (上⇌下)

　　高濃度蔗糖的部位將導致水分由鄰近的木質部滲透進入篩管細胞，造成篩管細胞壓力的提升。需要養分供給或儲存的部位，蔗糖濃度較外部低，因此促使水分由細胞內滲透至鄰近的細胞，使得篩管細胞壓力降低，此與供給端的篩管細胞壓力形成壓力梯度，因此驅使蔗糖及水分在篩管內傳輸。除了水分、無機鹽類、養分之外，一些植物的荷爾蒙、核酸、含氮化合物 (醯胺、胺基酸) 等物質也是伴隨著養分一同運輸至植物體內各部位，滿足各部位的養分及生長需求。

　　木質部運輸水分與韌皮部運輸養分的路徑與動力有著先天上的差別，表 4.3 為其差異。木質部運輸水分或無機鹽類主要係依靠根壓、滲透作用、毛細作用、蒸散作用等，將水分由土壤往植物上端輸送，過程僅單向運輸。而韌皮部運輸養分則是依靠植物篩管細胞內的蔗糖濃度梯度、壓力梯度的壓力流方式將有機養分運送至各部位，由需求部位控制養分傳輸，過程方向可為雙向。

4.3　植生復育污染整治技術

　　植生復育是一種較便宜也是環境友善的綠色整治方法，在污染的土壤採用植生復育有助於防止水土流失以及金屬的溶出。從經濟的角度來看，植生復育具有以下三個目的：(1) 風險的圍堵 (植物穩定化法)；(2) 植物萃取法回收金屬開創經濟價值，例如：鎳、鉈及金的回收；(3) 植物萃取法改善土壤的性質，有助於後續作物的栽種。此外快速生長和高生質量的植物，同時具有植生復育及能源生產的功能，例如：柳樹、楊樹和麻瘋樹。一般而言，植物對於地底下的污染物 (如重金屬、石油碳氫化合物、含氯有機物等) 的作用大致可分為六大項，分別為植生萃取法、植物穩定化法、根區過濾法、根區降解法、植物揮發法以及植物降解法等，運作方式如圖 4.15。

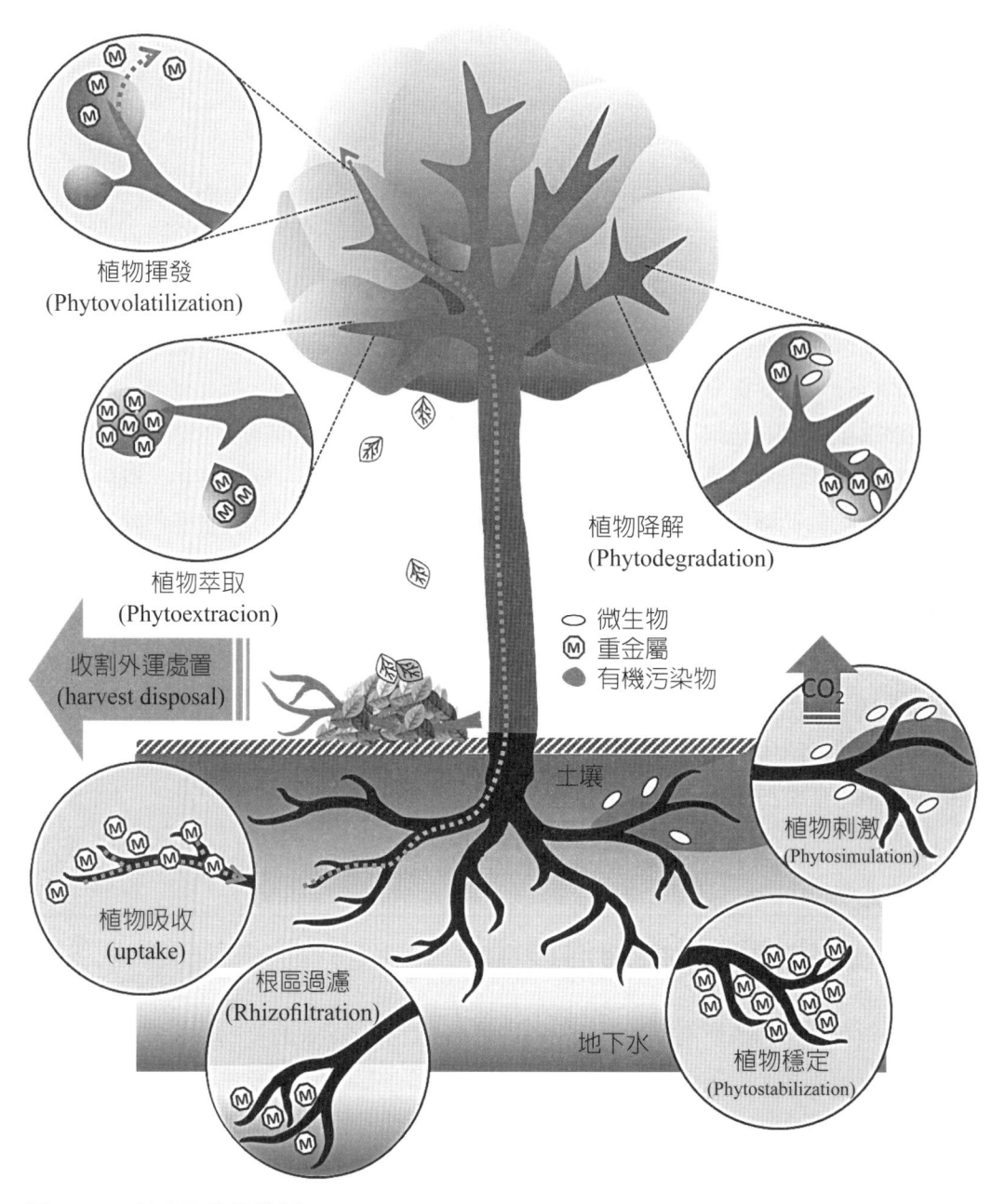

圖 4.15　植生復育的機制

4.3.1　植生復育的主要機制

(1) 植物萃取法

　　植物萃取法 (phytoextraction) 係由植物根部吸收土壤中污染物 (重金屬及有機物)，將污染物經由植物的木質部傳輸至植體各部位累積，例如：莖 (Rafati et al., 2011)。由於植物的根部是無法被收割的，因此金屬的轉移是一個非常關鍵的生化

過程，此過程也能有效的提升植物萃取之效率 (Tangahu et al., 2011)。經過一段時間吸收後，將植體移除處理，移除後之植體一般以焚化或掩埋為主，避免污染物又回到環境中。在整治期間需評估植物生長速率及收割時間，避免植體死亡造成重金屬再釋出環境，舉例來說，使用草本植物進行植生復育，收割期大約為每一季一次，若是用灌木或樹進行植生復育，因重金屬會累積在樹皮上，收割期可延長至每年一次。

一般而言，植物萃取法可分為兩種：天然或化學輔助型 (如表 4.4 所示)，天然植物萃取法係利用植體的超量累積特性攝取污染物，化學輔助植物萃取法係利用添加螯合劑等方式改變土體污染物存在型態，使植體大量吸收累積污染物 (Sun et al., 2009)。藉由螯合劑強化植生復育法有兩項主要機制，一為增強底泥重金屬之移動性及傳輸性，二為植物植體對金屬──螯合劑錯合物之吸收與轉移。添加螯合劑改善植體萃取之效率，提升植物吸收重金屬效率及植體根莖部位傳輸性。藉由螯合劑溶出及錯合重金屬之能力，可達到增加重金屬移動性以及提升重金屬於根部與地上收割部位之傳輸，被錯合之重金屬，可被根部累積且有效傳輸至植物之地上部位。

(2) 植物穩定化法

植物穩定化法 (phytostabililation) 或植物固定法是利用某些植物固定土壤的污染物 (Singh, 2012)。這個技術被用於減少污染物的移動性和污染物於環境中的生物可利用性，從而防止污染物轉移至地下水或進入食物鏈。植物可固定土壤中的重金屬透過根的吸附，沉澱、複合或降低根區金屬的價數 (Wuana and Okieimen, 2011)。不同價數的金屬毒性有所不同，通過分泌特殊的氧化還原酶，植物巧妙地將有害的金屬轉化成相對毒性較小的狀態，並且降低金屬的脅迫及危害，例如：六價鉻還原成三價鉻，三價鉻移動性低且毒性較小。植物穩定化法限制了重金屬在生物群的累積，減少其滲入至地下水的風險。然而，植物穩定化法並非妥當之策略，它只限制了重金屬於土壤中的移動性，並未將其於土壤中移除。實際上，它是用於穩定污染物的管理政策 (Vangronsveld et al., 2009)。

表 4.4　天然與化學輔助植物萃取法之比較

	天然植物萃取法	化學輔助植物萃取法
植物選擇	超量累積植物	任何植物
生長速率	低	依靠植物生長荷爾蒙提升
吸收效率	依植物本身能力	依靠螯合劑提升
金屬耐受性	高	低
金屬選擇	沒有鉛的超量累積植物	任何金屬
二次污染	沒有	土壤酸化及地下水污染

(3) 根區過濾與根區降解法

植物根部周圍 1~3 mm 處屬於根區，許多根區作用均在此範圍內發生。根區過濾法 (Rhizofiltration) 係利用植體根部吸收、濃縮土壤溶液或地下水中之污染物。植物根部經由呼吸作用釋出二氧化碳，其餘土壤溶液中形成碳酸，進而與重金屬污染物結合。此外，根部的代謝作用也釋出部分的酶或代謝產物進而與重金屬污染物結合，產生較穩定的複合物或錯合物，使污染物累積在根區附近，此方式稱為根區過濾。根區過濾效果最為明顯係禾本科植物，其根部具有快速生長及擁有較大之表面積。植物過濾可能是根濾 (rhizofiltration，利用植物的根部) 或種苗過濾 (blastofiltration，用秧苗) 或填縫過濾 (caulkfiltration，用植物切下的地上部)，減少污染物移動至地下水之風險。

根區降解法 (Rhizodegradation) 則透過生存在根區的微生物分解土壤中的污染物。加強根區污染物降解的主要原因可能為微生物數量及代謝活動的增加。植物可透過分泌含有碳水化合物、胺基酸和類黃酮的分泌物，刺激根區微生物的活動使其活動量提高 10~100 倍。植物的根部可釋放含營養成分的分泌物，提供土壤中微生物碳和氨的來源，並且創造一個富含營養的環境來刺激微生物的活動。除了分泌有機質促進根區微生物的生長和活動，植物也釋放出一些可以降解土壤中有機污染物的酶。圖 4.16 為根區作用的示意圖，圖中可見根部釋出的物質 (E) 將與污染物 (C)

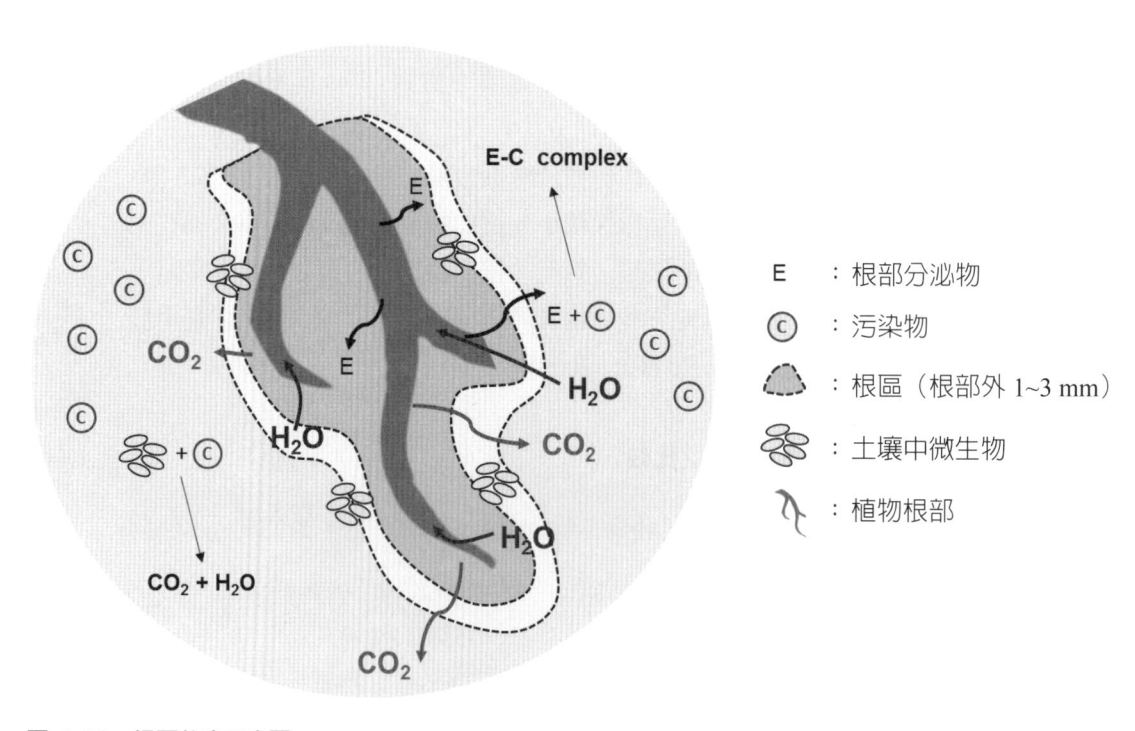

圖 4.16　根區效應示意圖

結合，減少污染物的移動性。而土壤中微生物也會利用根部分泌的物質作為碳源，或直接利用污染物為碳源，進行污染物分解。

(4) 植物降解法與植物揮發法

進入植物體內的污染物會經由植物分解的酶來降解有機污染物，例如：脫鹵素酶 (dehalogenase) 和氧合酶 (oxygenase)，而不仰賴根區的微生物。此外，葉片上的微生物也可協助降解污染物。植物可累積環境中污染物的組織異生素並通過代謝活動降低它們的毒性。植物降解法 (phytodegradation) 僅用於處理有機物，例如輕質石油類污染物或含氯有機物等。

植物揮發法 (phytoviotilization) 則是利用植物葉片的氣孔，將體內的污染物轉換成易揮發的形式，進行蒸散作用將污染物排放至空氣中藉以移除土壤中的污染物。此技術可用於處理有機物或一些重金屬，如硒和汞。然而，事實上它並未完全去除污染物，而狀態的改變（從土壤到大氣），重新沉積。因此植物揮發法為最具爭議性之植生復育技術。

4.3.2　植生復育之評估因子

植物萃取的效率可透過計算生物濃縮係數 (bioconcentration factor, BCF)、植物傳輸係數 (translocation factor, TF) 及植生復育有效係數 (phytoremediation efficiency factor, PEF) 來量化。生物濃縮係數為植物從周遭的環境累積金屬至組織的效率 (Ladislas et al., 2012)。其計算方法如下式 (4-2) (Zhuang et al., 2007)。

$$BCF = \frac{C_{root}}{C_{soil}} \qquad (4\text{-}5)$$

BCF = 生物濃縮係數

C_{root} = 金屬在根部的濃度，mg/kg

C_{soil} = 金屬在土壤中的濃度，mg/kg

植物傳輸係數為植物累積的金屬從根部轉移到地上部的效率。其計算方法如 (4-3) 式 (Padmavathiamma and Li, 2007)。

$$TF = \frac{C_{shoot}}{C_{root}} \qquad (4\text{-}6)$$

TF = 植物傳輸係數

C_{shoot} = 金屬在植物地上部的濃度，mg/kg

C_{root} = 金屬在植物根部的濃度，mg/kg

植生復育有效係數係由植物生物濃縮係數與植物傳輸係數之乘積，其 PEF 值越大，則表示植生復育整體效果越佳。其計算方法如下（葉等，2010）：

$$PEF = BCF \times TF \tag{4-7}$$

PEF = 植生復育有效係數
BCF = 生物濃縮係數
TF = 植物傳輸係數

　　BCF 及 TF 皆為重金屬植物萃取法篩選超量攝取植物 (hyperaccumulators) 之重要因子。植生復育法植物的評估和選擇完全取決於 BCF 及 TF 值 (Wu et al., 2010)，如表 4.5。於 BCF 中根部金屬累積的濃度是非常重要的，可用來作為選取植物萃取之植物的依據 (Sakakibara et al., 2011)。植物傳輸係數 (TF) 大於 1，表示金屬從根部傳輸至地上部 (Jamil et al., 2009)，根據 Yoon et al. (2006) 僅有植物的 BCF 及 TF 皆大於 1，才具有潛力可用於植物萃取，超量攝取植物的 BCF 大於 1，有時可達到 50~100 (Cluis, 2004)。然而土壤中高濃度的金屬可能導致 BCF 小於 1，舉例來說：在超鎂鐵質的土壤 (ultramafic soils)，土壤中的 Ni 為 3,000 mg/kg，在植物中則為 2,000 mg/kg，或相反地在植物生長的土讓中缺乏必要元素 (如 Zn)，可能是固碳效率非常高，因此具有很高的 BCF，但組織內金屬的濃度非常低。因此 BCF 用於比較在均質土壤之情況下生長之植物，或用於水耕作物，具有一小優點可用於簡單的比較葉面金屬的濃度 (van der Ent et al., 2013)。BCF 是一方便可靠的方法，可量化重金屬在植物中生物利用度的相對差異 (Naseem et al., 2009)。

4.3.3　去除污染物的高手——超量攝取植物

　　超量攝取植物 (hyperaccumulator plant) 可以提取、吸收、分解、轉化或固定土壤、沉積物、污泥或地表、地下水中有毒有害的污染物。國外很早就發現了重金屬超富集體的存在，早期主要是利用指示植物來發現特定的礦床，這種方法在美國和俄羅斯發現鈾礦中起到重要作用。1983 年，Chaney 首次提出利用某些能夠超量攝

表 4.5　植生復育效益之評估因子

評估因子	公式
生物濃縮係數 (BCF)	$BCF = \frac{C_{root}}{C_{soil}}$ (Zhuang et al., 2007)，為植物從周遭的環境累積金屬至組織的效率 (Ladislas et al., 2012)。
植物傳輸係數 (TF)	$TF = \frac{C_{shoot}}{C_{root}}$，為植物累積的金屬從根部轉移到地上部的效率 (Padmavathiamma and Li, 2007)。
植生復育有效係數 (PEF)	$PEF = \frac{C_{shoot}}{C_{soil}} = BCF \times TF$，PEF 值越大，則表示植生復育整體效果越佳 (Yeh, 2011)。

取重金屬的植物清除土壤中重金屬的想法，這一想法很快受到世界研究者的重視。截至 2012 年，世界範圍內已經發現的超量攝取植物有 400 多種。中國的科技工作者陸續發現了香根草、蜈蚣草、鱗苔草、印度芥菜等超量攝取植物，表 4.6 列出數種超量攝取植物及其重金屬累積潛力。

超量攝取植物應同時具備以下四個基本特徵：

- 臨界含量特徵：植物地上部富集的重金屬達到一定的量，是普通植物在同一生長條件下的 100 倍，其臨界含量分別為鋅 10000 mg/kg，鎘 100 mg/kg，金 1 mg/kg，銅、鉛、鎳、鈷均為 1000 mg/kg。
- 轉移特徵：植物地上部的重金屬含量高於根部該種重金屬含量。
- 耐性特徵：對高濃度的金屬有較強的耐受性。
- 集係數特徵：植物地上部富集係數 (定義：指某種元素或化合物在生物體內濃度與其環境中的濃度的比值) 大於 1。

超量攝取植物一般被認為具有高於普通植物 50~500 倍的重金屬累積能力 (Clemens, 2006)，目前對於超量攝取植物的機制並不明確，部分學者推測是因為此類植物必須面對環境的威脅而保護自己，且不同的超量攝取植物對金屬累積程度的差異可能來自於它們自身的基因與所面臨的環境 (Rascio &Navari-Izzo, 2011)。目

表 4.6　超量攝取植物與其重金屬累積潛力

污染物	學名	累積潛力 (mg/kg)	參考文獻
鎘	Thlaspi caerulescens	1,900	Jiang et al., 2005
	Sesbania drummondi	1,687	Israr et al., 2006
	Arabis paniculata	1,127	Zeng et al., 2009
	Sedum Alfredii	2,183	Jin et al., 2009
	Thlaspi praecox Wulfen	1,000	Vogel-Mikuš et al., 2010
鎳	Berkheya coddii	37,000	Maria et al., 2002
	Alyssum murale	30,000	Scott Angle et al., 2003
	Brassica juncea	3,961	Saraswat & Rai, 2009
	Alyssum markgrafii	19,100	Bani et al., 2010
	Isatis pinnatiloba	1,441	Altino¨zlu¨ et al., 2012
鉛	Euphorbia cheiradenia	1,138	Chehregani et al., 2007
鉻	Phragmites australis	4,825	Calheiros et al., 2008
	Pteris vittata	20,675	Kalve et al., 2011
鋅	Thlaspi caerulescens	194,103	Banasova et al., 2008
	Sedum alfredii H.	13,799	Jin et al., 2009
	Potentilla griffithii	19,600	Hu et al., 2009
	Eleocharis acicularis	11,200	Sakakibara et al., 2011

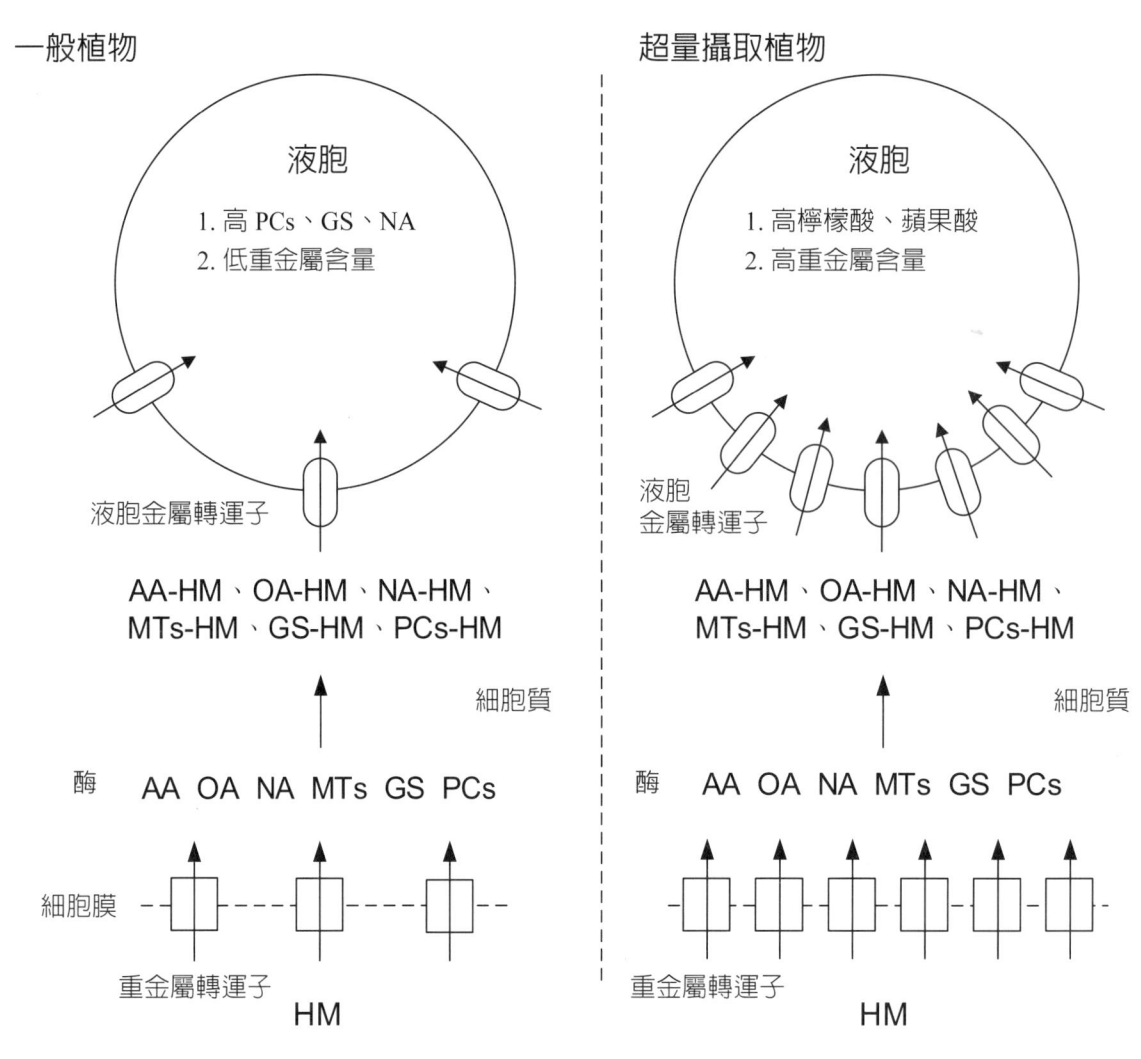

一般植物 　　　　　　　　　　　　超量攝取植物

液胞
1. 高 PCs、GS、NA
2. 低重金屬含量

液胞
1. 高檸檬酸、蘋果酸
2. 高重金屬含量

液胞金屬轉運子　　　　　　　　　液胞金屬轉運子

AA-HM、OA-HM、NA-HM、　　　　　AA-HM、OA-HM、NA-HM、
MTs-HM、GS-HM、PCs-HM　　　　　MTs-HM、GS-HM、PCs-HM

細胞質　　　　　　　　　　　　　　細胞質

酶　AA OA NA MTs GS PCs　　　　酶　AA OA NA MTs GS PCs

細胞膜

重金屬轉運子　　　　　　　　　　重金屬轉運子
　　　HM　　　　　　　　　　　　　　　HM

備註：
1. 胺基酸 (amino acid, AA)、2. 有機酸 (organic acid, OA)、3. 菸醯胺 (nicotianamines, NA)、4. 金屬硫蛋白 (metallothiones, MTs)、
5. 麩胺基硫 (glutathiones, GS)、6. 植物螯合素 (phytochelatins, PCs)

圖 4.17　超量攝取植物吸收金屬示意圖

前已知超量攝取植物的缺點是生長較緩慢且生物質量較小 (Pagliano et al., 2006)，此表示若無法大規模植栽，應用於超量攝取植物於重金屬污染場址就可能受到限制。目前學者提出的超量攝取植物吸收重金屬的方式如圖 4.17，主要利用金屬轉運子 (transporters) 將金屬運送至細胞質內，並在細胞質內與多種蛋白或胺基酸、有機酸結合後，再由液胞的金屬轉運子 (vacuolar metal transporters, VMT) 送至液胞內儲存。因為過量的金屬會抑制光合作用進行，因此超量攝取植物吸收的金屬大多累積在具有大表皮且無葉綠體的液胞，僅在累積過量後，才會轉而儲存到葉肉細胞 (Küpper et al., 2007)。

4.3.4 植生復育機制的應用

不同的植生復育機制運用不同的原理將土壤或地下水中污染物去除，了解各種機制的優缺點，可幫助植生復育法的應用。彙整各種植生復育機制的效益與限制如表 4.7。表中可見植物萃取法是將污染物累積於植物體內，再予以收割去除的方式，此方式的效益在於可將污染物有效從污染場址中移除，但其也受到許多限制，例如欲利用植物萃取法處理受污染場址時，須選擇高 TF 值、高 BCF 值、對污染物具高耐受力、植體生長速度快、根系範圍廣、累積速率高且容易收割的植物。由於使用植物萃取法必須定期收割，因此植物的生長季節就相當重要。收割後的植體將運送至焚化廠燃燒，同樣也必須注意燃燒後的飛灰處理，也必須經過法規規範的管道進行妥善掩埋，避免二次污染。向日葵 (sunflower) 與印度芥菜等是常見的植物萃取法的代表性植物。

植物穩定法利用根系將污染物穩定與安定化，使污染物沉澱或吸附於根部，限制污染物的移動性與生物可利用性。此方式之效益在於可減少土壤因水而侵蝕造成

表 4.7 植生復育機制優劣一覽表

機制	內容描述	優點 / 效益	缺點 / 限制
植物萃取 (phytoextraction)	植物吸收污染物並且儲存到可被收割的部分，例如葉子、莖部和根部	1. 成本合理 2. 污染物可從場址移除	1. 多數的超量攝取植物生長較慢，生物量較少，且為表面根系 2. 收割後的生物量需要適當處置
植物穩定 (phytostabilization)	植物利用根部系統的固定化作用和沉積作用限制污染物的移動性與生物有效性	1. 不需要處置任何有害的生物量 2. 減少土壤侵蝕和系統中可用的水量	1. 污染物仍然存在於場址 2. 有義務進行定期監測
根區過濾 (rhizofiltration)	植物藉由根區從土壤溶液中吸附、累積或沉澱污染物，使其移動性降低	1. 主要使用水生植物，但有時使用陸生植物 2. 重金屬不必轉移到地表上組織	1. 操作條件需要維持 pH 值 2. 得先在苗圃中培育植物，再轉移到整治的場址
根區降解 (rhizodegradation)	植物根區的微生物利用植物分泌的物質或直接利用污染物作為碳源，進而將污染物分解	1. 土壤中微生物種類多時，對污染物處理效果較佳 2. 主要分解有機污染物	1. 須留意土壤中微生物數量，若土壤微生物數量少，則必須先行調理 2. 無法分解重金屬污染物
植物降解 (phytodegradation)	植物利用自身內部或分泌的酶及代謝物降解有機污染物	1. 不需要依靠根區系統的微生物 2. 植物的酶參與降解反應	1. 侷限於降解有機污染物 2. 對於深層的污染物無作用，但對於淺層的污染物很有效
植物揮發 (phytoviotilization)	轉化污染物到揮發相並釋放到大氣	1. 污染物會轉化成低毒性型態 2. 釋放到大氣的污染物已大部分經過稀釋及低毒性型態	1. 污染物可能累積在植被 2. 植物表皮可能殘留低程度的污染物

土石鬆滑，對水土保持有一定功效，同時也不需進行額外的收割作業。但其缺點便是污染物仍存留於場址中並未移除，必須進行定期監測確認污染物並未擴散。此方式常應用於表層的土壤污染，例如種植植被防止污染土壤揚塵造成二次污染，或是應用於限制土壤滲出液中的污染物移動等。

根區過濾法與植物穩定法的原理相似，均是利用植物的根系將污染物、穩定或沉澱，減少污染物的移動性，使透過該區的水達到淨化效果。此方法的優點在於可將污染物移動性與生物可利用性降低，且陸生植物與水生植物均可使用此方式。當受污染的水流經此區域後便可被植物根系攔截污染物，使水質得到淨化。利用根區過濾法必須留意土壤中的 pH 值與陽離子交換能力 (CEC)，因為 pH 值影響到重金屬污染物的沉澱，CEC 則影響到土壤重金屬的吸附效果與置換能力。常見的根區過濾法植物為浮萍、蓮花等。

根區降解法同樣是發生在植物的根系，利用植物根系周圍的微生物進行污染物的去除。此方式之優勢在於可將有毒的污染物分解成低毒性的副產物或是無毒性的 CO_2 及 H_2O，且當根系周圍的微生物種類與數量繁多時，對污染物的去除能力也較為顯著。然而其限制同樣為微生物的數量，若微生物數量貧乏時，必須經過額外的土壤調理程序，而會增加額外的污染改善成本。代表性的植物為白楊樹、柳樹。

植物降解法與根區降解法的概念相同，均是利用微生物將污染物分解去除，但植物降解法則多利用植物本身的代謝作用將污染物分解，降低污染物的毒性。此方法相當依賴植物體內酶的運作，當植物體遇到艱困的環境(如高溫、寒冬)使酶的功能失效時，植物降解法的效果便會大打折扣。白楊樹、蜀黍 (sorghum)、三葉草 (clover) 或者豆類 (cowpeas) 等都可以植物降解法去除污染物。

植物揮發法利用植物的蒸散作用將污染物汽化並揮發至大氣中，此方式可將污染物由土壤中移除，但最為人詬病的便是其僅將污染物由固相轉至氣相，因此必須在樹葉部分包上捕氣袋避免污染物逸散，但通常揮發至氣相的污染物其毒性已大為降低。此方式之限制在於較適合應用於揮發性高的污染物，對於低揮發性的污染物成效較差，且應使用氣孔數較多的植物效果更佳。代表性的植物有蜀黍、三葉草等。

不同的植生復育機制可應用於不同的場址類型或是污染介質，如表 4.8 所示，植生復育法可應用於土壤、底泥、地表水或是地下水等介質，也可用於人工濕地、人造潟湖、河岸護坡、掩埋場覆蓋、田間淨化等。與水有關的植生復育工法基本上均利用了根區過濾與植物穩定的機制，而土壤與底泥則主要依靠植物萃取、根區降

表 4.8　植生復育的應用

應用	介質	機制
人工濕地 / 潟湖	底泥、地表水	植物降解、植物萃取、植物揮發、根區降解
田間作物 / 草地 / 蕨類 / 花園	土壤、底泥	植物降解、植物萃取、植物揮發、根區降解
掩埋場覆蓋	土壤、底泥、地表水	植物萃取、根區過濾、植物穩定
河岸緩衝	土壤、底泥、地表水、地下水	植物降解、植物萃取、根區過濾、植物固定、植物揮發、根區降解
植物水力牆	地下水	植物萃取、根區過濾、植物穩定
植物 / 灌木種植	土壤、底泥、地下水	植物降解、植物萃取、植物揮發、根區降解

解、植物降解等方式去除污染物。表 4.9 與表 4.10 為美國環保署歸納超級基金場址面對不同污染物時所使用的植生復育機制。

此外，美國紐澤西州亞伯汀軍事超級基金場址，其場址主要污染物為比水重非水相液體四氯乙烯及三氯乙烯，整治方式係採植生復育法，使用種植白楊木 (poplar tree) 整治污染物。白楊木一般可長至 15 公尺高，在整治過程中發現，在白楊木之莖與葉內測出氯乙烯之降解副產物，其毒性較母化學物質 (parent compounds) 更具毒性，為增加污染物分解效率並降低二次污染風險，在根部插皮通氣管增加根系好氧微生物生物分解，在樹梢頂端掛上光碟片避免鳥類啄食造成污染物擴散至場址外，在樹木底部掛香皂防止鹿啃食衍生污染物副產物蔓延。植生復育技術是為永續綠色環境友善且為民眾接受的污染場址整治技術，未來在台灣應有它適用之空間。

表 4.9 有機污染物適用的植生復育方式

污染物	機制					應用									規模					備註
	根區降解 / Rhizodegradation	植物穩定 / Phytostabilization	植物萃取 / Phytoextraction	植物降解 / Phytodegradation	植物揮發 / Phytovolotilization	人工濕地、潟湖 / Constructed Treatment Wetland/Aquatic Plant Lagoon	田園、花園 / Field Crops / Gardens	掩埋場覆蓋 / Landfill Cover	河岸緩衝帶 / Riparian Buffer	植物液壓牆 / Tree Hydraulic Barrier	樹、灌木種植園 / Tree / Shrub Plantation	水培溶液 / Hydroponic solutions	植物組織吸附 / Sorption to plant tissues	超量累積作物 / Hyperaccumulation	溫室 / Greenhousse	實驗室試驗 / Laboratory	現地試驗 / Field test	前導試驗 / Pilot	全場試驗 / Full scale	
苯、甲苯、乙苯、二甲苯 / BTEX	✓	✓		✓	✓	✓	✓			✓							✓	✓	✓	白楊樹、柳樹、草和豆科植物
含氯溶劑 / Chlorinated Solvents	✓	✓		✓	✓	✓						✓	✓				✓	✓	✓	白楊樹可從地下水中吸收含氯有機物
多氯聯苯 / PCBs	✓	✓	✓															✓		—
火藥 / Munitions	✓			✓		✓	✓				✓	✓				✓		✓		濕地植物可吸收 TNT、RDX 等炸藥物質
多環芳香烴 / PAHs	✓						✓		✓		✓					✓	✓	✓		—
農藥 / Pesticides				✓		✓	✓								✓	✓				豆類植物展現累積和分解 DDT 的能力。筍瓜 (Zucchini) 的根和莖可萃取 DDE。與白楊樹混搭的方式已應用於河岸緩衝帶。
石油製品 / Petroleum Products	✓			✓		✓	✓				✓								✓	受風化的油品污染其生物可利用性低且不適用於植生復育技術。低分子量的芳香烴則可透過本土性的草類來降低濃度。

資料來源：U.S. Environmental Protection Agency (EPA) Technology Innovation and Field Services Division (TIFSD)

表 4.10 無機污染物適用的植生復育方式

污染物	機制					應用									規模					備註
	根區降解 / Rhizodegradation	植物液壓 / Phytohydraulics	植物萃取 / Phytoextraction	植物降解 / Phytodegradation	植物揮發 / Phytovolotilization	人工濕地、湖泊 / Constructed Treatment Wetland/Aquatic Plant Lagoon	田園、花園 / Field Crops / Gardens	掩埋場覆蓋 / Landfill Cover	河岸緩衝帶 / Riparian Buffer	植物液壓牆 / Tree Hydraulic Barrier	樹、灌木種植園 / Tree/ Shrub Plantation	水培溶液 / Hydroponic solutions	植物組織吸附 / Sorption to plant tissues	超量累積作物 / Hyperaccumulation	溫室 / Greenhousse	實驗室試驗 / Laboratory	現地試驗 / Field test	前導試驗 / Pilot	全場試驗 / Full scale	
砷 / Arsenic	✓	✓	✓					✓											✓	適合用於 3~8 公分的污染深度。白楊樹曾用於控制垃圾掩埋場的滲出液
鎘 / Cadmium			✓			✓	✓							✓	✓	✓	✓	✓		植物吸取 C_d，進入植物體內的速度慢
鉻 / Chromium			✓			✓	✓				✓			✓	✓	✓	✓			柳樹及樺樹可吸收鉻，但只侷限在根部
銅 / Copper			✓			✓	✓					✓		✓	✓	✓	✓			土壤改良可以增加印度芥菜(India mustard)的銅吸收，但現場試驗的可行性還須測定
鎳 / Nickel			✓			✓	✓							✓	✓	✓	✓			芥菜可累積鎳金屬
硒 / Selenium			✓		✓	✓	✓				✓							✓		浮萍和鳳眼蓮(water hyacinth)已被用於處理硒
放射性物質 / Radionuclides	✓		✓			✓	✓					✓		✓	✓	✓				向日葵可移除水耕溶液中的鈾、銫和鍶

無機污染物 (Inorganic compounds)

資料來源：U.S. Environmental Protection Agency (EPA) Technology Innovation and Field Services Division (TIFSD)

4.4 影響植物生長的因子

4.4.1 植物生長的必要與微量元素

植生復育的機制已於前一節描述,而影響植生復育的因子主要在於植物的生長狀況。植物生長發育所需要的營養元素有必要元素與有益元素,必要元素指的是植物正常生長所需且無法以其他元素替代之營養元素,有益元素則是植物生長非一定需要但可增強植物生長之元素。

其中,植物使用的必要元素又可細分為大量元素(在植物體含量約 0.5~6.0%),表 4.11 為植物生長所需之必要元素及其功能,碳、氫、氧是植物構成體內有機物質的基本元素,也是植物行光合作用產生的養分(蔗糖)的主要構成元素。氮、磷、硫主要構成植物體內蛋白質、荷爾蒙、磷酸質與輔酶等構造。鉀、鈣、鎂則是主要在維持細胞之電價平衡及膨壓,並為多種生理生化反應所必需。需求量較

表 4.11 植物生長時所需的大量元素與微量元素及其功能

元素		元素吸收形式	功能
大量元素	碳 (C)	CO_2	構成植體內的有機物質。
	氫 (H)	H_2O	構成植體內的有機物質。
	氧 (O)	CO_2、H_2O	構成植體內的有機物質。
	氮 (N)	NO_3^{3-}、NH_4^+	構成核酸、蛋白質、激素、輔酶。
	磷 (P)	$H_2PO_4^-$、HPO_4^-	構成核酸、磷酸質、ATP、輔酶。
	硫 (S)	SO_4^{2-}	構成蛋白質、輔酶。
	鉀 (K)	K^+	與水平衡有關,調節氣孔開閉,蛋白質合成的輔基。
	鈣 (Ca)	Ca^{2+}	與細胞對刺激的反應有關,活化酵素,且與細胞壁的合成和穩定以及膜的構造和通透性的維持有關。
	鎂 (Mg)	Mg^{2+}	構成葉綠素,活化酵素。
微量元素	鐵 (Fe)	Fe^{3+}、Fe^{2+}	葉綠素合成以及酶之構成元素。
	錳 (Mn)	Mn^{2+}	光合作用及呼吸作用中酶的活化劑,參與胺基酸的合成。
	硼 (B)	$H_2BO_3^-$	合成葉綠素時需要的輔基,可幫助植物吸收無機養分、合成醣類、形成細胞膜以及果實及種子的發育。
	氯 (Cl)	Cl^-	可調節植體 pH 值,以及與植物吸收水分及光合作用有關,也是生長素的成分之一。
	鎳 (Ni)	Ni^{2+}	酶構成之元素,與尿素代謝以及氮代謝有關的酵素輔基。
	銅 (Cu)	Cu^{2+}、Cu^+	氧化還原酵素與合成木質素的酵素成分之一,促進植物對蛋白質之利用。
	鋅 (Zn)	Zn^{2+}	植物生理作用之輔酶,與醣類代謝及葉綠素合成有關。
	鉬 (Mo)	MoO_4^{2-}	為硝酸鹽還原反應的輔基,固氮作用必須的成分,與維生素 C 合成,光合作用、呼吸作用有關。

資料來源:林浩潭,2005,台灣農家要覽(三)農作篇:557-560。

小 (約占植物體 0~2,000 ppm) 的元素稱為微量元素，如鐵、錳、硼、氯、鎳、銅、鋅、鉬等，除硼與氯外，均為植物酵素或輔酶之構造成分。

4.4.2　環境缺乏必要元素對植物的負面影響

植物與人相似，對於營養攝取必須均衡才會發展順利且體魄強健，當環境缺乏某些營養元素便會影響植物個體的成長，表 4.12 中列出植物缺乏必要元素及微量元素時會發生的影響，示意如圖 4.18。例如缺氮、磷、硫、鈣、鎂等，會使植物生長的個體矮小、果實發育不良、縮水等，且會使植物葉片快速黃化、失去光澤。然而缺乏微量元素雖不至於讓植物細胞壞死，但營養不足也會加速植物的老化。例如植物營養缺少銅、鋅元素會使植物纖細，新葉尚未成長就已黃化及出現斑點，甚至開花也受到影響。缺少硼、鉬元素會使植物新芽難以生長，甚至凋萎、枯死。

表 4.12　植物缺少元素之症狀

必要元素	代號	缺乏症狀
氮	N	蛋白質合成受阻，酶數量下降，葉綠體結構遭破壞，葉綠素合成減少，葉片提早黃化、老化、掉落，且生長速率降低。
磷	P	植體易累積硝態氮，影響植體合成蛋白質與代謝碳水化合物。植株生長緩慢、葉片呈暗紫紅色，種子果實發育不良。
硫	S	蛋白質合成受阻，葉片呈均勻黃化、黃斑，但不會壞死，如果短時間內缺硫，會由新葉先出現黃化症。
鉀	K	生長速率降低，由葉緣開始產生黃化或黃斑，嚴重時導致組織壞死。另影響果實大小，著果率低，老葉捲曲變形且有壞疽斑點。
鈣	Ca	嚴重缺鈣時，根尖壞死，地上部生長停止，生長點及新葉壞疽，枝條枯死。
鎂	Mg	症狀由老葉開始，自葉尖及中肋兩側之葉肉開始黃化，逐漸向基部擴大，最後呈倒 V 字型，嚴重時葉肉變紅，有時會有壞死斑點。
微量元素		**缺乏症狀**
鐵	Fe	與缺鎂症狀相似，葉脈間呈缺綠症，嚴重時葉脈間及葉緣形成褐色，且葉片出現壞死斑點。
鎳	Ni	生長點壞死，阻礙發芽，降低收成率。
錳	Mn	與缺鎂之幼葉相同，幼葉葉緣黃白化或產生褐斑。而缺錳時在葉片中肋或葉柄上會出現壞疽，缺鐵時則無此症狀。
銅	Cu	新葉黃化及出現壞死斑點，葉尖逐漸發白，嚴重時頂梢變黑及枯萎。開花受影響，枝條彎曲，枝頂生長停止及枯萎。
鋅	Zn	生長受阻，節間縮短，枝條纖細，葉片不對稱等。
硼	B	生長受阻，莖頂分生組織受破壞，頂芽和花蕾枯死，不開花或開花但因受粉不良而導致果實畸形或果實內部木栓化。
鉬	Mo	生長受阻，產量下降。老葉較易發生葉脈間有斑點壞疽、下部黃化等，嚴重時植株黃化。
氯	Cl	葉片生長受阻、成長緩慢、葉片小且缺綠、萎凋等。

資料來源：林浩潭，2005，台灣農家要覽 (三) 農作篇：557-560。

圖 4.18
植物缺乏營養元素示意圖

缺鐵：新葉黃化，脈間失綠
缺錳：新葉黃化，葉片失綠
缺硼：花而不實，落花落果
缺磷/鉀/硼/鈣：影響花果
正常綠葉
缺鎂：中下部葉斑塊狀黃化
缺氮：老葉黃化，植株瘦弱
缺鉀：老葉邊緣黃化枯焦
缺磷：葉片紫紅色，植物矮小

4.4.3 金屬的型態對植物利用的影響

不僅僅是土壤的品質會影響植物的生長，金屬的型態也是影響植物利用的重要原因之一。金屬對其環境的危害通常非由金屬總量決定，而是與其生物有效性 (bioavailability) 與 pH 氧化還原有機物有關。一般而言，生物有效性高的金屬，必定為溶解態且移動性高；生物有效性低的金屬則是沉澱態、錯合態等類型。金屬進入土壤後因進行各種反應而影響其移動性，許多研究者常利用各種萃取試劑來評估金屬於土壤或沉積物中的移動性及生物有效性，也能藉此得知金屬的鍵結態並預期其長期釋放的潛勢。目前常用之序列萃取法為 Tessier 等人所發展的序列萃取法 (Tessier et al., 1979)，此法將金屬之型態區分為交換態、碳酸鹽鍵結態、鐵錳氧化物鍵結態、有機物鍵結態及殘留態等五類，分類如表 4.13。

4.4.4 高濃度重金屬對植物生長的影響

土壤中的元素不足會影響植物的生長，但當土壤中元素含量過高時同樣也會對植物生長產生負面作用，土壤重金屬污染便是使土壤中重金屬濃度過高的原因之一。過量的重金屬會抑制植物體中酶的作用、使生物細胞受到抑制 (inhibition) 以及造成氧化逆境 (oxidative stress) 等負面效應。植物的酶與合成蛋白質有相當大的關係，當酶失去作用時便會影響植物的生長發育。同樣地，過量的重金屬也會對植物體內細胞造成改變，植物面對土壤中高濃度重金屬時可能會採行以下幾種行為：第一，為了保護重金屬不被大量吸收進入根內，植物會透過微生物結合、或透過

124　實用環境化學——生態環境篇

表 4.13　重金屬型態特性

型態	移動性	特性
交換態 (exchangeable)	高 ↑	此型態之金屬包括水溶性及可交換性，對環境變化較敏感，較容易移動與被植物所吸收。一般指的是以靜電吸附於黏土或腐植質表面之金屬。
碳酸鹽鍵結態 (bond to carbonates)		此型態指的是土壤中金屬元素與碳酸鹽礦物形成共沉澱結合。因此該型態金屬對於環境 pH 的變化較為敏感。當環境 pH 下降時，碳酸鹽易解離，使得金屬重新釋放於環境中。反之，當環境 pH 上升時，碳酸鹽則容易形成，不利金屬的再釋出。
鐵錳氧化物鍵結態 (bond to iron and manganese oxides)		此型態金屬一般係以礦物的外囊物和細粉散顆粒存在。活性的鐵錳氧化物比表面積大、容易吸附或共沉澱陰離子而成。其對土壤環境 pH 值及氧化還原條件較為敏感。當 pH 值與氧化還原電位較高時，有利於鐵錳氧化物的生成。
有機物鍵結態 (bond to organic matter)		此型態金屬係指其與土壤中有機物 (如動植物殘體、腐植質、硫化物等) 以螯合方式存在於環境中，具有專一的吸附性。因此需以氧化、酸解等方式進行此型態之萃取。該型態之金屬移動性也較低。
殘留態 (residuel)	↓ 低	該型態金屬則是指一般存在於矽酸鹽、原生等土壤晶格中之金屬，係由自然地質風化過程而成。因此該型態金屬於自然環境條件下不易釋放，能長期且穩定地保存於土壤中。其金屬移動性與生物有效性則屬於最低。

根部分泌一些有機化合物 (有機酸、酚類化合物) 來複合重金屬，限制重金屬的移動。第二，若植物無法避免攝入大量的重金屬，便會活化自身的耐受機制，透過分泌滲透劑 (osmolytes) 或滲透調節劑 (osmoprotectants) 等，將金屬運送至體內不同的胞器，稱為分室作用 (compartmentalization)。第三，如果上述方式均無效，將會分泌抗氧化物 (antioxidants) 來幫助植物體內金屬濃度平衡 (Fryzova et al., 2018)。

圖 4.19 為植物體內存在污染物時的生化反應，當空氣中污染物或土壤中污染物進入植物細胞後，會將污染帶入細胞膜中，於細胞膜中進行氧化反應或移動，逐漸改變細胞膜的滲透性與破壞植物體內的滲透平衡，進而干擾植物本身的代謝作用，使得植物的生長受到傷害。

表 4.14 是當土壤的重金屬及微量元素含量過高時，對植物造成的影響。其中不難發現穀類或稻米對於土壤中大多數的金屬元素都較為敏感，此是因為學者研究發現稻米累積重金屬的能力高於蔬菜，其中又以鎘的累積最為明顯，因此時常發生鎘米事件的新聞。除了鎘容易累積在稻米體內之外，鎳、汞、砷等金屬則是使植物無法發展新的根系或新芽生長受阻，嚴重影響植物生長，甚至會導致植物的死亡。此外，過多的錳會影響植物水解酶、抗壞血酸氧化酶、細胞色素氧化酶、硝酸還原酶等的活性，進而影響到植物的生理代謝狀況。

圖 4.19
植物體內污染物濃度過高之生化反應

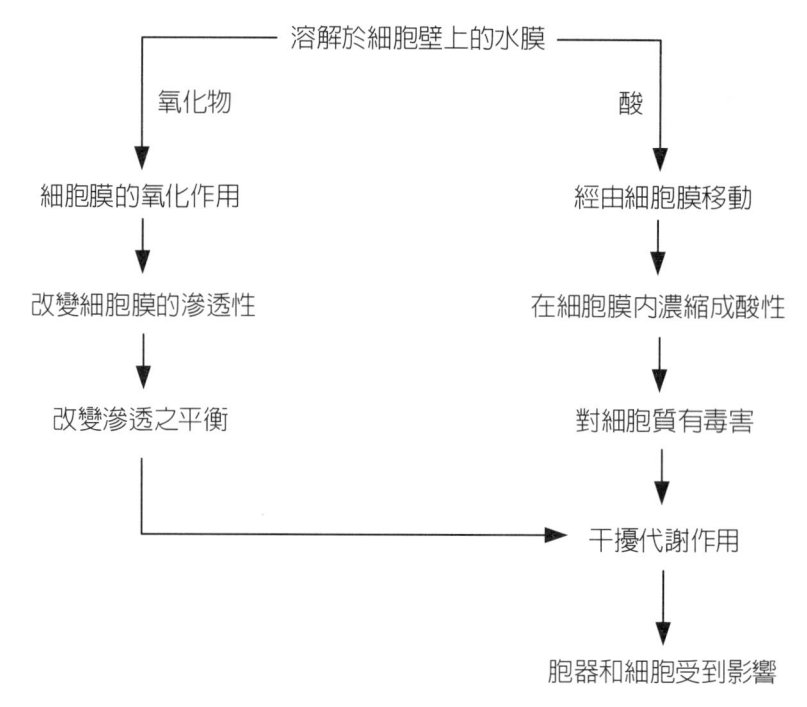

```
                    ┌─── 溶解於細胞壁上的水膜 ───┐
              氧化物 │                          │ 酸
                    ▼                          ▼
            細胞膜的氧化作用              經由細胞膜移動
                    │                          │
                    ▼                          ▼
            改變細胞膜的滲透性            在細胞膜內濃縮成酸性
                    │                          │
                    ▼                          ▼
            改變滲透之平衡                對細胞質有毒害
                    │                          │
                    └──────────┬───────────────┘
                               ▼
                          干擾代謝作用
                               │
                               ▼
                       胞器和細胞受到影響
```

圖片來源：柯氏，2016，「植物生理學」重製

表 4.14　重金屬及微量元素過量對植物的危害

微量元素	毒害癥狀	敏感作物
砷 (As)	新芽生長受抑制，根部黃化或棕色化，老葉產生紅棕色壞疽斑點。	穀類
鎘 (Cd)	根部變形且呈棕色，葉脈及葉柄呈紅色，葉片捲曲且有黃棕色斑塊。	穀類、豆類、菠菜、胡蘿蔔及燕麥
鉻 (Cr)	根部生長受抑制，幼葉黃化，植株生長不良。	豆類
汞 (Hg)	根部發芽或新生根嚴重受阻，葉片黃化且有棕色斑點。	甜菜、玉米及玫瑰
鎳 (Ni)	根呈棕色且鬚根發展受阻，幼葉葉脈間黃化，老葉呈灰綠色。	穀類
鉛 (Pb)	根部短小且為棕色，葉片生長受阻，葉片濃綠，老葉萎凋。	穀類
鐵 (Fe)	根部短小且呈棕色，植株生長受抑制，葉片呈棕色斑點，嚴重時葉片棕色化枯萎。	水稻、菸草
錳 (Mn)	根部生長受阻，老葉出現黃化及壞疽傷痕，或出現黑棕色或紅色焦狀斑點。	穀類、豆類、馬鈴薯及甘藍
銅 (Cu)	根部生長受阻，側根縮短成鐵絲狀。老葉壞死，葉柄和葉背呈此紅色 (似缺鐵症狀)。	穀類、豆類、菠菜、柑橘幼苗、劍蘭
鋅 (Zn)	根部成細鐵絲狀，植株生長受阻。幼葉葉脈間黃化。	穀類、菠菜
硼 (B)	葉片尖端黃化、棕色化，植物生長點萎縮，老葉凋萎。	穀類、馬鈴薯、番茄、胡瓜、向日葵及芥菜
鉬 (Mo)	根部生長受抑制，葉片尖端黃化或棕色化。	穀類
氯 (Cl)	由葉緣向內黃化、壞疽、捲縮至枝條枯死。	豆類、桃子及李子

資料來源：林浩潭，2005，台灣農家要覽 (三) 農作篇：557~560。

4.5 植生復育土壤整治技術執行策略

4.5.1 環境調查

執行植生復育工法前應收集相關的場址資料,用於評估該場址適合的植生復育方式或者不適用植生復育。表 4.15 列出不同界質中應調查的項目及其描述。

(1) 土壤條件

土壤條件對於應用植生復育技術有相當大的影響,舉例來說,工廠的土壤污染要採行植生復育較為困難,因工廠的土地為了建設廠房通常會將土壤夯實,此使植物根系的生長受到限制,且工廠的土壤往往肥力較低,不易栽種植物。若為了使植生復育可順利作業,必定需要先進行現場土壤的調理 (如表土翻鬆、耕犁、施肥、添加有機質等),而此些作為均會增加整體污染改善的成本。

特殊的土壤條件例高氯鹽、高電導度、高總溶解固體物、過酸、過鹼、高鈉吸著率 (sodium adsorption ration, SAR)、陽離子交換能力差、或除草劑的使用紀錄高的土壤,均不利於應用植生復育技術來改善土壤。並非是在這些條件下無法採行植生復育技術,僅因在此些條件下,可種植的植物種類已大幅減少,且須進行額外的

表 4.15　環境調查參數

介質	項目	描述
土壤條件	夯實度、土壤肥力	土壤結構、夯實度、肥力、可種植植物的能力與可行性
	土壤質地	土壤結構與粒徑分布決定侵蝕力與滲透力
	土壤基本參數	營養鹽含量、pH、鹽度、電導度、含水率、有機質含量、陽離子交換能力 (CEC)、鈉吸著率 (SAR) 等以決定適合的植物種類,壓縮作用來決定根部滲透模式
	污染物濃度、污染特性	用以篩選植物與測試工法效率的機制
	周邊環境	用以評估植生復育工法的可施作性
氣象條件	降雨/雪機率、豐枯水期期間、未來50年內洪水發生時間	評估沉降與揮發的速率,便於管理場址水循環
	季節平均溫度、濕度	了解場址的溫度範圍、寒冬日期有助於選擇植物
	污染物濃度、污染特性	用以篩選植物與測試工法效率的機制
	颱風季,暴雨事件	用以設計具緊急應變能力的植物系統
現有植栽	場址現有的植物種類、名稱、歷史使用的除草劑	特定與普遍的植物命名,除草劑的管理,控制有害的物種入侵
	潛在受體的位置	用以進行受體的風險評估/毒性評估
	土水法、空污法、水污法、水土保持法	了解相關法規以利作業

前置作業已喪失經濟效益。

(2) 氣象條件

應從場址鄰近的氣象站取得相關的氣候條件資訊，包含溫度、濕度、降雨/雪機率、風速/風向、海拔高度、豐枯水期時間、洪水或乾旱的機率(未來25、50、100年)等，此些場址的氣候資訊將影響植生復育系統的設計，例如種植密度、蒸散條件等，且也會影響選擇的植物種類，如需可耐洪、耐旱或於高海拔生長的植物種類選擇會減少，同時也影響著植生復育系統的維護，像是植物生長週期、收割時間、灌溉時間等。

一般而言，除為了取得改善許可或其他規範之許可外，建置植生復育系統通常依據植物生長的季節來進行，然而針對冬季可能降低植物生長的活性，則必須透過一些補救措施來增強或維持植物的生長機制，以利進行植生復育改善土壤，這些補救措施或稱為加強措施通常也是季節性的。

(3) 現有的植栽情況

針對污染場址現有的植栽情況進行鑑定，有助於植生復育系統的建置，鑑定的項目通常包括植物的物種(科、屬、種)、豐富度、根系深度是否與污染物接觸等，這些資訊可幫助建構適用的植物種類，配合不同的污染深度、面積應用不同種類的植物，以達到最佳的污染改善成效。

現場植栽的評估流程可參考圖4.20，在採行植生復育整治之前，先鑑定場址的植物物種，並於分成如下步驟，當前一步驟無法達成時則進入下一步驟。

- 步驟一：確認現場正在生長的植物物種是否於植生復育資料庫內；
- 步驟二：確認資料庫內有無任何植物物種適合該場址；
- 步驟三：確認資料庫內任何可用於該場址的混合物種或相關的植物物種；
- 步驟四：確認有無任何植物物種可於該場址的特定條件下存活；
- 步驟五：基因改良植物可否使用且適用；
- 步驟六：改用其他整治方法。

國內目前尚未建立相關的植生復育資料庫供民眾查詢，因此僅能以國外資料作為執行參考。國外資料庫可由美國農業部(U.S. Department of Agriculture, USDA)的植物國家資料庫中(http://plants.usda.gov)以及植物材料計畫(http://Plant-Materials.nrcs.usda.gov)搜尋。或是參考美國州際技術與管制委員會(Interstate Technology & Regulatory Council, ITRC)之網站資料(http://www.itrcweb.org/Team/Public？teamID=40.)。

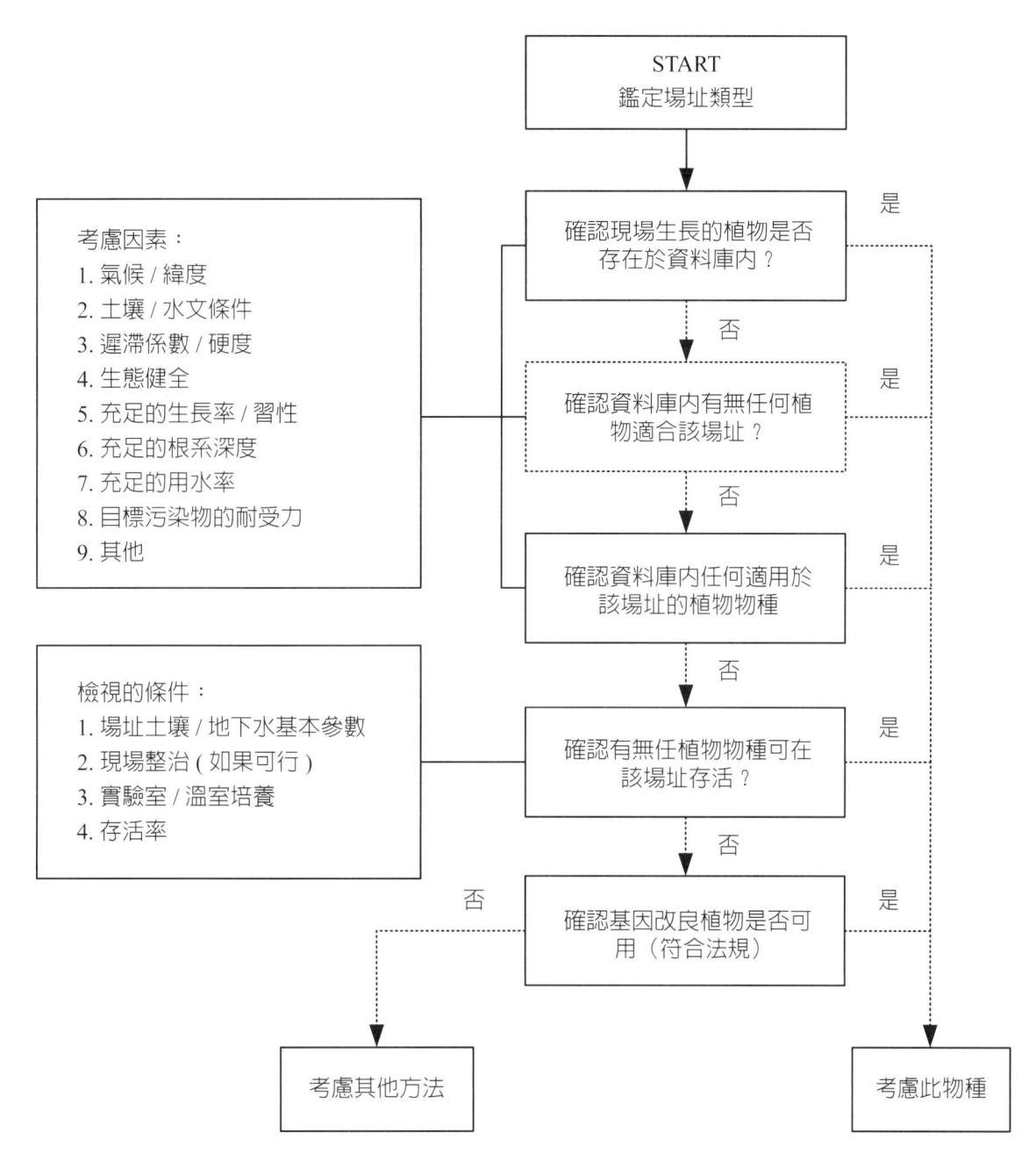

圖 4.20　場址現有植栽的評估方法 (ITRC, 2009)

4.5.2　植生復育執行決策樹

　　場址受污染後可使用 ITRC 建置的植生復育場址決策樹來評估是否適合使用植生復育工法，流程如圖 4.21，先行確認該場址之關切污染物是否具有溶解性及生物可分解性，知道污染物的溶解特性可知污染物會存在於土壤溶液中，具生物可分解性即可了解利用根區降解的可行性。若植物可直接吸取污染物或污染物的副產物，

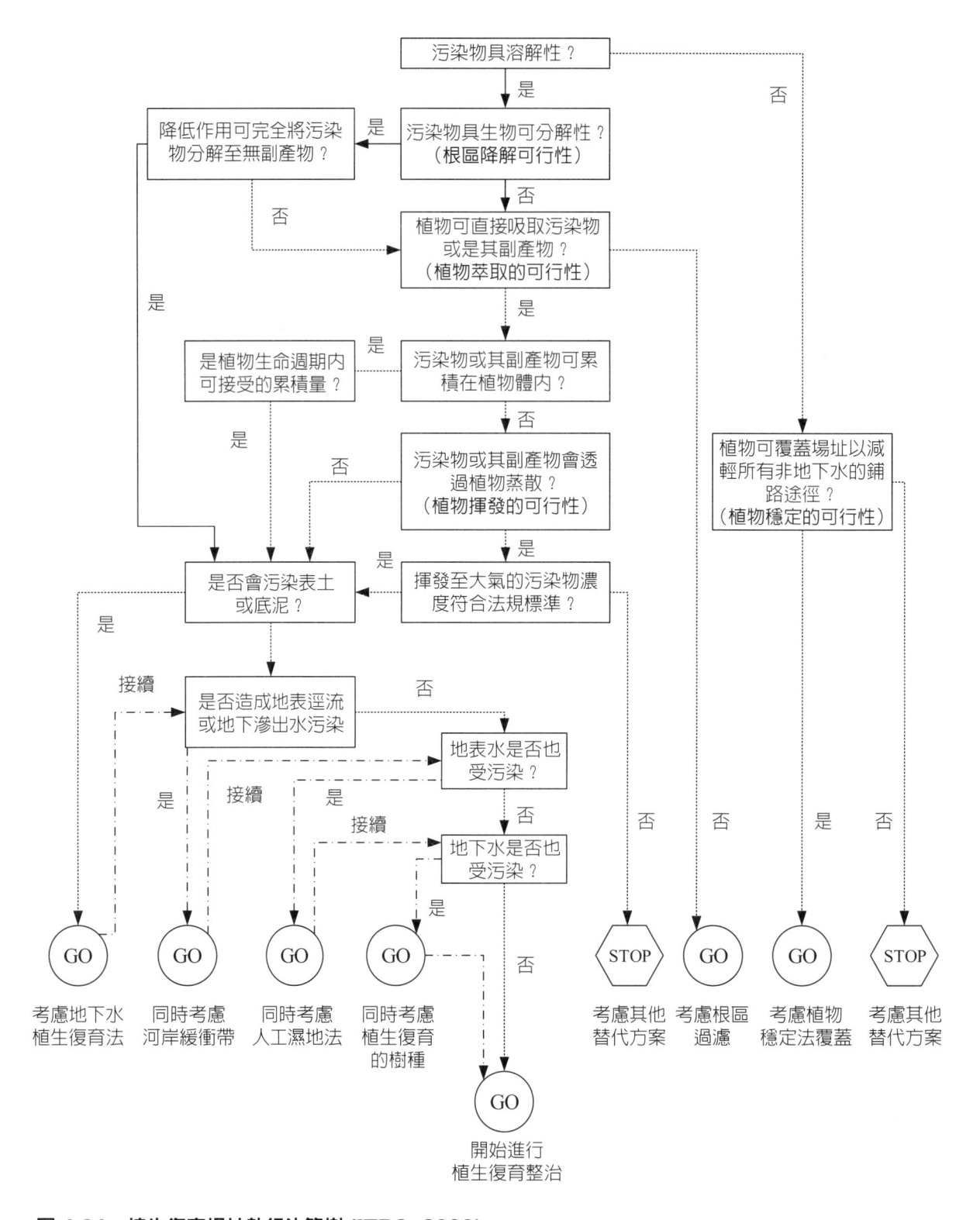

圖 4.21　植生復育場址執行決策樹 (ITRC, 2009)

130　實用環境化學——生態環境篇

代表可使用植物萃取法來移除污染物，但須評估在使用的植物生命週期裡污染物可否被大部分吸取與累積。若污染物或其副產物可經由植物體內再揮發，則可應用植物揮發法來進行污染改善作業，但必須監測排放至大氣的污染物濃度是否符合相關的標準。

經過上述數種方式檢核後，尚須確認是否會污染表土、底泥、地表逕流、地下滲出水、地下水等介質污染，若進行植生復育過程中均不會造成上述介質的污染便可進行植生復育作業。在此之前，若會造成上述介質的污染，則依序考慮同時採行地下水植生復育、河岸邊坡緩衝、人工濕地整治與相關的植物物種等方式加強二次污染的防治作業。然而，若評估植物揮發後的空氣污染物濃度不符法規標準，則必須立即停止植生復育法，考慮其他的替代方案。若污染物本身並不具備溶解性或溶解度低，則接續評估利用植物穩定法的可行性，考慮以植被覆蓋方式避免污染物持續擴散，若植物穩定法不可行，同樣必須立即停止植生復育法，考慮其他的替代方案。

4.6 加強植生復育的方式

4.6.1 螯合劑添加加強重金屬移動性

傳統植生復育 (enhance phytoremediation) 過程是單純栽種植栽對污染土壤進行污染物的吸收、整治，故所使用的植物為超量累積植物，但污染源並非為同種重金屬，超量累積植物針對的重金屬只有單一種，其效果為最好，但為複合 (兩種以上) 重金屬污染下，其植生復育效果有限。為了能提升植生復育的效率，近幾年研究經由螯合劑的添加，可增加土壤中重金屬流動性並且提升植物對重金屬之吸收及傳輸效果。在 Tassi et al. (2008) 指出所謂促進植生萃取法 (assisted phytoextraction) 為一藉由化學藥劑添加於土壤以增加收割作物重金屬累積量之程序。Nowack et al. (2006) 指出，藉由螯合劑強化植生復育法有兩項主要機制，一為增強土壤重金屬之移動性及傳輸性，二為植物植體對金屬-螯合劑錯合物之吸收與轉移。添加螯合劑改善植體萃取之效率，提升植物吸收重金屬效率及植體根莖部位傳輸性。

螯合劑溶出及錯合重金屬之能力，可達到增加重金屬移動性以及提升重金屬於根部與地上收割部位之傳輸，被錯合之重金屬，可被根部累積且有效傳輸至植物之地上部位。螯合劑分為兩大類，為不可被生物降解與可被生物降解兩種。首先是不可被收生物降解之螯合劑 EDTA (ethylenediaminetetraacetic acid, $C_{10}H_{16}N_2O_8$)，結構如圖 4.22，為最廣泛應用於強化植生復育之螯合劑，其強錯合力被廣泛應用於土

圖 4.22
EDTA 化學結構圖

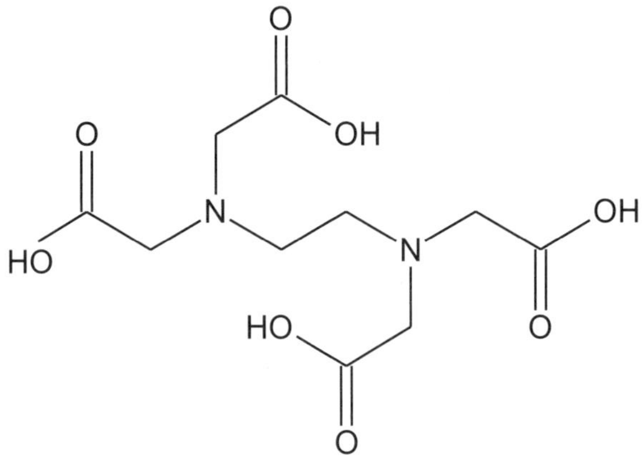

壤整治，雖能有效的增加重金屬移動力，但其不易生物分解之特性，可能造成地下水污染之衍生問題。此外，為提升植生復育整治成效，植種選擇及重金屬土壤鍵結型態之改變為重要取決條件。植栽能耐重金屬造成之毒害、並且能大量吸收重金屬及生物質量之增生率大等特性為植生復育選擇植體之必要條件。螯合劑添加對土壤中重金屬鍵結之影響，亦係植生復育效率之一重要因子，整治過程期間可添加生物可分解性螯合劑或有機酸以改變重金屬與土壤間鍵結型態，進而提升植生復育之處理效益及達到防止地下水遭受二次污染之衍生性問題。

4.6.2 生物可分解螯合劑

生物可分解螯合劑 EDDS (ethylenediaminedisuccinic acid, $C_{10}H_{13}N_2O_8$) 於近期受到關注，結構如圖 4.23，EDDS 容易被土壤分解也產生較少有害副產物，其與重金屬 (如 Cr、Fe、Pb、Cd、Na、Cu、Ni) 之錯合物皆可被生物分解，惟 Hg-EDDS 錯合物由於具毒性而不被微生物所利用。

Meers et al. (2005) 利用五種柳樹復育受重金屬 Cd、Cr、Cu、Ni、Pb 及 Zn 污染土壤之可行性，添加 EDDS 針對三種不同污染程度土壤進行植生復育整治實驗，結果顯示，植體對於 Cd 及 Zn 有較高之吸收效果，在高濃度重金屬土壤中，添加 EDDS 與控制組相較下，植體莖部重金屬鎘之含量可提升 60%、葉部則可提

圖 4.23
EDDS 化學結構圖

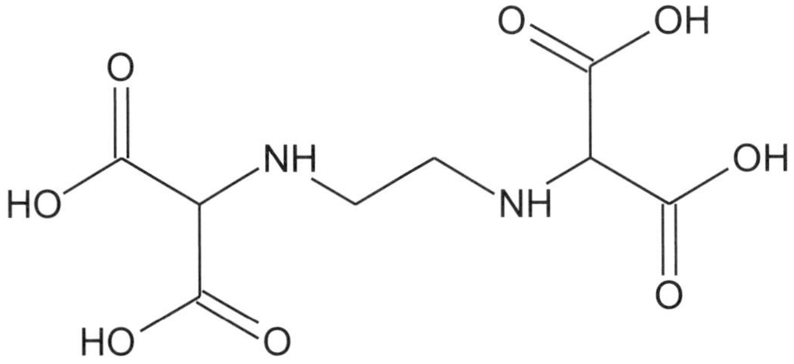

升 35%。於廢礦場土壤中，莖葉則能分別提升 97% 及 45%。而添加 EDDS 無法增加植體質量，推測其原因可能係重金屬吸收過多造成生物毒害性。

Evangelou et al. (2007) 研究菸草吸收重金屬之效益，結果顯示，添加過量的 EDDS 對於菸草具有其毒害性。實驗使用螯合劑濃度為 1.5~50 mmol/kg，惟當添加 3.125 mmol EDDS 時，可發現其對植體之毒害現象。在低濃度組土壤實驗中，添加 EDDS 對於植物吸收重金屬 Cu 具成效，且重金屬主要累積於根部，EDDS 及 EDTA (濃度均 1.5 mmol/kg) 的添加，對於植體 Cu 之吸收量可提升 7 倍及 12 倍，但對 Cd 則無顯著提升。對於受多種重金屬污染之土壤，添加螯合劑並非能提升植物吸收重金屬，添加螯合劑 EDDS 及 EDTA 對重金屬 Cu 有良好之累積效果，對 Cd 卻無顯著之提升。EDDS 是屬於易生物分解螯合劑，有學者研究指出，EDDS 於土壤半衰期為 2.5 天，即殘存於土壤中的 EDDS 將隨時間而迅速減少 (Luo et al., 2005)。多種螯合劑混合添加相較於單一使用 EDTA 及 EDDS 效果佳，且具提升植生復育之功能，亦可減少萃取出之重金屬滲入深層土壤或地下水層，避免二次污染及污染擴大。

4.6.3 植物生長激素

植物激素廣泛用於協助植物生長並增進植物植體之生物質量 (Tassi et al., 2008)，因此若整合生物激素與螯合劑應用於強化植生復育受重金屬污染土壤應具有良好成效。一般而言，植物生物激素可分為生長素，例如 3- 吲哚乙酸 (Indole-3-acetic acid, IAA, 如圖 4.24a)、3- 吲哚丁酸 (Indole-3-butyricacid, IBA, 圖 4.24b)。吉貝素 (文獻指出約有 70 幾種，其中最常見者為 Gibberellic acid, GA_3，結構如圖 4.25)、細胞分裂素 (cytokinins, CK) 等。

吉貝素是一種已知的植物激素，它在植物的萌芽、細胞的生長、莖和根的發育、植物的開花結果中扮演一非常重要的角色。一些研究結果表明，植物生長激素是具潛力的，且可透過內生菌來分泌激素。植物內激素分泌的過程是未知的，但它

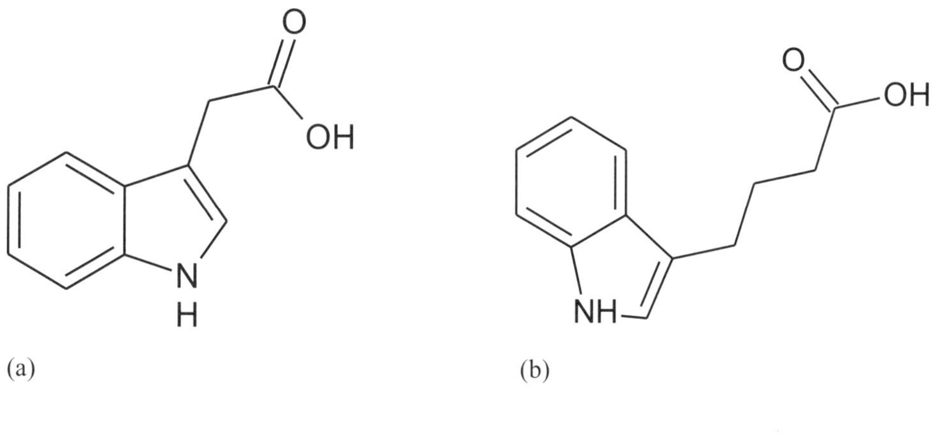

圖 4.24
(a) IAA 及 (b) IBA 化學結構圖

圖 4.25
GA₃ 化學結構圖

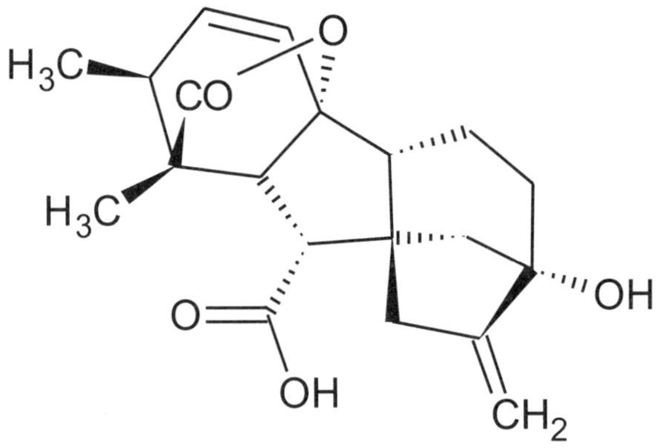

們的數量是非常的少，它們的操作模式是緩慢的，通常取決於宿主、內生菌和交互作用的形式。

　　Hadi et al. (2010) 研究指出，藉由噴灑 GA₃ 與 IAA 於 Zea mays L. 葉部可有效提升植體累積重金屬 Pb 之能力。此外，結合 GA₃ 或 IAA 與 EDTA 可以有效提升植體累積重金屬之能力。且 GA₃ 對於提升植體重金屬 Pb 之傳輸作用較 IAA 為佳。

　　吳 (2014) 以向日葵整合植物生長激素 (IAA 與 GA₃)、螯合劑 (EDTA 與 EDDS) 與過氧化鈣，模擬受銅、鋅、鉛污染之土壤進行盆栽實驗，於銅及鋅之組別其 BCF 值皆以 GA₃ + CaO₂ + EDDS 組別為高，分別為 0.250 及 0.604，而鉛之組別則以 GA₃ + CaO₂ + EDTA 之組別的 0.213 為最高，觀看銅、鋅、鉛各組的 TF 值，分別以 GA₃ + CaO₂ + EDDS、IAA + CaO₂ + EDTA 及 IAA + CaO₂ + EDDS 組別的 3.83、3.21 及 3.39 為最高，而於 PEF 值中銅及鋅皆以 GA₃ + CaO₂ + EDDS 最高分別為 0.958 及 1.769，於鉛之組別則以 GA₃ + CaO₂ + EDTA 組別的 0.445 為最高。

　　黃 (2016) 則以向日葵整合植物生長激素 (GA₃) 及螯合劑 (EDDS)，模擬受銅、鋅、鉛、鎳污染之土壤進行盆栽試驗，首先看到 BCF 值，於銅及鋅中皆以 EDDS + GA₃ 組別為最高，分別為 0.23 及 0.27，於鉛組各組別之 BCF 差異不大，鎳組則以添加 EDDS 的 0.74 為最高，銅及鎳之 TF 值皆以 EDDS + GA₃ 組別為最高，分別為 2.88 及 3.88，銅組以添加 GA₃ 的 3.14 為最高，而鉛則以單純使用向日葵進行植生復育的 1.09 為最高，最後則是 PEF 值，可看出銅、鋅、鎳皆以 EDDS + GA₃ 組別效果最佳，分別為 0.51、0.77 及 1.56，而於鉛組各組別之 PEF 值差異不大。

4.7 植生復育未來展望

4.7.1 新穎的加強植生復育藥劑

聚麩胺酸 (γ-PGA) 係利用微生物 (Bacillus sp.) 或酵素 (glutamyl transpeptidase) 將麩胺酸 (glutamic acid, GA) 經由生化過程聚合而成的一種生物可分解性的高分子材料 (Shih and Van, 2001)。聚麩胺酸 (γ-PGA) 最早被發現於 Bacillus anthracis 的莢膜中，在日本傳統食品──納豆的黏性物質中亦發現含有大量的 γ-PGA。聚麩胺酸為生物性高分子聚合物，具有保濕性、高黏性、無毒性、金屬螯合性、生物可分解性及生體相容性等特性 (Sung et al., 2005; Ho et al., 2006)。聚麩胺酸具有多機能性，在食品方面之應用可作為增黏劑、保水劑、酸味抑制劑等品質改良劑，亦可作為促進葉酸及多種礦物質吸收的營養強化劑 (Ho et al., 2006)。

γ-PGA 的分子式為 $(-[-NH-CH(COOH)-(CH_2)_2-CO-]^n-)$，其結構組成為 α- 螺旋和 β- 折疊，其分子鏈上具有活性較高的側鏈羧基 (-COOH)、胺基 (-NH) 及羰基 (-CO) 等多種官能基團。三個官能基的 H^+ 解離常數各為 $pK_α = pK_1 = 2.13~2.2$、$pK_γ = pK_2 = 4.25~4.32$、$pK_3 = 9.7~9.95$，其各官能基活性依序為 $α-NH_2 > α-COOH > γ-COOH$，這些官能基團提供聚麩胺酸進行化學或生物反應的活性。其結構如圖 4.26 所示。

由於 γ-PGA 其全天然生物可分解特性之分子材料，可以工業化大量生產。天然的 γ-PGA 之分子量約為 10000~1000000 Da，其分子大小取決於發酵時間及水解酶等因素，聚合度 (degree of polymerization) 約為 1000 到 15,000 個麩胺酸。在醫藥、農業和化妝品工業及環境等應用效果非常顯著。由此可知，γ-PGA 所具有的結構上其功能性極具經濟價值，可以應用在跨工業的領域。

聚麩胺酸為陰離子型高分子聚合物，其結構組成為 α- 螺旋和 β- 折疊，它的分子鏈上具有活性較高的側鏈羧基 (-COOH)、胺基 (-NH) 及羰基 (-CO) 等多種官能基團，這些官能基團提供聚麩胺酸進行化學或生物反應的活性。聚麩胺酸可螯合重金

圖 4.26 γ-PGA 之結構

圖 4.27
聚麩胺酸鍵結金屬之機制示意圖。(a) 鍵結一價金屬；(b) 鍵結二價金屬

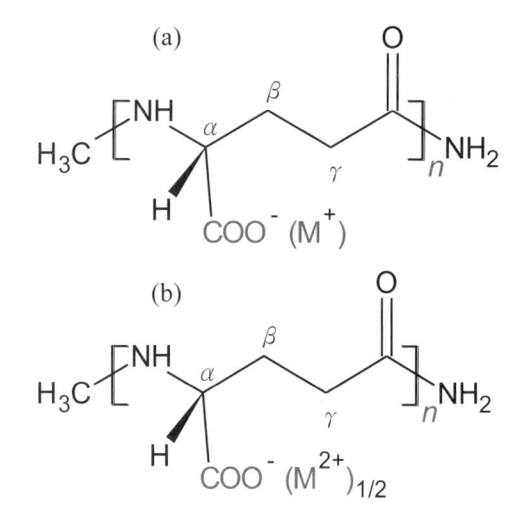

屬，對於二價、三價金屬離子 (Mg^{2+}、Ca^{2+}、Ni^{2+}、Cu^{2+}、Mn^{2+}、Fe^{2+}、Cr^{2+}) 具有相當良好之整合效果，如圖 4.27。主要為聚麩胺酸之 COOH 官能基所帶的靜電會與金屬離子相互影響。亦逐步應用在生物膜 (biofilm) 上來處理水中重金屬。聚麩胺酸為多價陰離子，對二、三價金屬離子 (鎂、鈣、鎳、銅、錳、鐵、鉛以及鉻) 具有相當好的螯合能力，主要為聚麩胺酸之 -COOH 官能基的負電作用與金屬陽離子相互影響，所以聚麩胺酸對於吸附土壤、海洋、垃圾以及廢水重金屬有相當大的效果 (Bajaj and Singhal, 2011; Kumar and Pal, 2015)。因此，未來可針對聚麩胺酸可結合金屬及屬於可食用性螯合劑之特性，進行加強植生復育之研究。

4.7.2　以藥用植物忍冬處理重金屬植生復育之研析

Liu et al. (2009) 以忍冬進行鎘植生復育之研究，其結果顯示於 21 天後在鎘濃度為 5 和 10 mg/L 下，忍冬之外觀無任何不良影響；濃度為 25 mg/L 時，其葉部、根部與生物量與控制組比較皆無顯著差異；當濃度為 50 mg/L 時，其葉片泛黃且根部有深棕色斑點，但生物量與控制組無明顯差異；隨著鎘的濃度增加，其根部長度逐漸減少，但在統計上並不顯著，而於低濃度鎘下生長忍冬生長高度、葉及根的生物量增加，由此可知，忍冬可用於鎘之植生復育，而鎘之毒性相較於銅、鋅來得大，因此亦可推測忍冬也可適用於銅、鋅之植生復育。因此未來應可朝向探討藥用植物忍冬於受重金屬污染土壤環境下，植體對於銅、鋅之吸收情況的研究，並可同時添加食用性螯合劑聚麩胺酸改變土壤與重金屬鍵結情形，噴灑植物生長激素促進植物生長，以提升植物吸收重金屬之效益。

4.7.3　以景觀性花卉復育經畜牧廢棄物污染農地之研究

近來農委會推行將未經處理之豬糞尿回收，直接施於農田灌溉，是種廢棄物回收再利用的概念。但以畜牧廢水回收再利用的方式仍存在著疑慮，主要是其中所含重金屬銅、鋅會在土讓中累積，對於農地的永續利用非常不利。應當清查、監測農地是否為畜牧廢棄物施灌、堆肥場址，以進行提報控制計畫，農田於休耕期間經變更後成為花海農場，同時公布逐年逐區改善及利用景觀性花卉進行整治工作計畫及期程及增加休耕期程。農地再開發對於政府是有好處的，如場址經整治、施作花卉後，土地開發者及附近居民可以因周遭土地價值提升而獲利；政府單位可以解決環境危機，增加投資者，提供更多在地的就業機會，並增加國庫稅收、減少休耕補貼，對社會、經濟各層面來說無疑是一個龐大的經濟誘因。

4.7.4　芳香植物不僅吸收重金屬也可防止登革熱

於 2015 年 5 月 1 日至 9 月 10 日，台灣本土登革熱確定病例數已達 8,060 件，登革熱是由登革病毒引起的，由蚊子傳染給人類。登革熱共分為四種血清型病毒，每一型都會傳染。自 1950 年代起，登革熱議題逐漸廣為人知，其主要集中於熱帶及亞熱帶地區，預估全球每年約有四億人感染登革熱。由此可知，登革熱也為一不容小覷之議題。

根據研究顯示，植物精油可用於抗菌、抗真菌、防蛀、防白蟻以及防蟲，而近年來經由被認為是有用的生物活性化合物，更可用於防蟲。在台灣，登革熱案例有逐年上升的趨勢，因此有許多學者致力於探討本土植物中的生物活性化合物控制蚊蟲的辦法。近年來精油已被認為是有用的生物活性化合物用於防蟲。植物精油也已被證明有抗菌、抗真菌、防蛀、防白蟻及殺蟲的功能。三種常用的精油植物：薄荷、茉莉花及薰衣草，其對蚊蟲之功用如下：

(1) 薄荷

薄荷中含有的薄荷油、薄荷酮和薄荷醇容易被發散，在一定的程度上能將蚊子驅散。其次薄荷中還含有驅蟲精油，這種精油氣味十分溫和，對人體是無害的。因此能夠被當作室內用的驅蟲闊香，在夏天用來噴灑或薰香的效果最為明顯，蚊叮蟲咬後，直接用薄荷葉熬水敷用，也能起到消炎止癢的作用。

(2) 茉莉花

花香濃郁，夏季置於室內，能殺死結核、痢疾、白喉桿菌，使蚊蟲避而遠之。市場上有些電熱驅蚊片，使用的就是茉莉花的香氣。

薄荷葉

茉莉花

薰衣草

檸檬草

圖 4.28　具有處理重金屬能力的芳香植物

(3) 薰衣草

薰衣草喜歡乾燥，花形如小麥穗。在家中，可以盆栽觀賞，又有良好的驅蟲效果。建議放置在臥室內，淡淡的香氣可以驅蟲，兼具安神功效。薰衣草精油不但有驅蟲效果，甚至還能殺死蚊子及螞蟻。

除了上述功用外，也有研究指出，薄荷葉與薰衣草具有吸收重金屬能力，因此未來可思考將此具有經濟效益之植物應用於污染整治場址或是低污染區域用以控制污染團，一方面達到控制污染的效果，另一方面收割後可再二次利用於製作精油抑制登革熱，達到對環境友善，廢棄物再利用的目的。

4.7.4　觀賞性花卉

許多人都沒想過觀賞性花卉，如百合花、菊花、天竺葵等都具有吸收重金屬的能力，各種觀賞性花卉如圖 4.29。Abdullah and Sarem (2010) 分析菊花和天竺葵

百合花 　　　　　　　　　　　　菊花

天竺葵 　　　　　　　　　　　　孔雀草

圖 4.29　具有處理重金屬能力的觀賞性花卉

從鉛污染土壤中 (1,000 mg/kg) 吸收鉛的能力，研究結果顯示，菊花比天竺葵具有更大的鉛蓄積潛力，僅在五個月內，將土壤中的鉛從約 1,000 mg/kg 降低到約 276 mg/kg；大多數鉛在植物的根中發現 (73%)，而在莖、葉和花中則分別發現 11%、9% 和 7%。Mani et al. (2015) 利用野菊花處理含重金屬鉛污染土壤，並結合硫元素及蚯蚓肥分的應用提升植體修復，進而使植栽能於含重金屬鉛污染之土壤安全生長，且其研究結果顯示，同時施用硫以及蚯蚓肥分，可促進植物光合色素，從而增強鉛污染土壤的清潔。

筆者的實驗團隊藉由水耕法，選用百合花、香水百合、球菊和菊花等，一共四種植物進行實驗，在一定的重金屬濃度背景下栽培，其結果如下：百合花之 TF 值為 3.34，相較於其他花卉之 TF 值皆低於 1，百合花在將重金屬向上傳輸到植體地上部的能力上較佳。

• **環保小轉彎** •

提升植物降解有機氯的實例

美國紐澤西州亞伯汀軍事超級基金場址，其場址主要污染物為比水重非水相液體四氯乙烯 (perchloroethylene, PCE) 及三氯乙烯 (trichloroethylene, TCE)，整治方式係採植生復育法，使用種植白楊木 (poplar tree) 整治污染物。在整治過程中，發現在白楊木之莖與葉內測出高濃度 PCE、TCE 之有毒代謝物－氯乙烯。為防止二次污染，在植物根部設置通氣管，藉以提升其氧化還原電位提升 PCE、TCE 降解，並在樹頂部吊掛光碟片驅趕鳥類與飛禽啄食樹木；在樹梢吊掛香皂以防止走獸鹿隻啃食樹木莖葉，避免因動物攝食將污染物轉移至高階生物體，並將污染物帶出該場址。

參考文獻

第一章

- 行政院環境保護署，2013，邁向綠色永續未來，行政院環保署發行。

- 陳尊賢 (2003)，土壤污染管制標準規定之探討，行政院環境保護署 EPA-91-H103-02-150。

- 蘇紹瑋、陳尊賢 (2008)，土壤清洗法整治重金屬污染土壤國內外最新研究與整治案例之回顧，台灣土壤及地下水環境保護協會簡訊 27, 4-12

- 美國海洋暨大氣總署 (National Oceanic and Atmospheric Administration, NOAA) 網站，美國海洋暨大氣總署網站 (www.noaa.gov)。

- 行政院環境保護署土壤及地下水污染整治基金管理會網站 (https：//sgw.epa.gov.tw/Public/)。

- 勞動部職業安全衛生署，化學品全球調和制度網站 (https：//ghs.osha.gov.tw/CHT/intro/GHS-background.aspx)。

- 國家環境毒物研究中心網站 (http：//nehrc.nhri.org.tw/toxic/)。

- Sparks, D.L. (2003a) Environmental Soil Chemistry (Second Edition). Sparks, D.L. (ed), pp. 133-186, Academic Press, Burlington.

- Omar, N.A., Praveena, S.M., Aris, A.Z. and Hashim, Z. (2015) Health Risk Assessment using in vitro digestion model in assessing bioavailability of heavy metal in rice：A preliminary study, *Food Chemistry* 188, 46-50.

- Lee, P.-K., Choi, B.-Y. and Kang, M.-J. (2015) Assessment of mobility and bio-availability of heavy metals in dry depositions of Asian dust and implications for environmental risk. *Chemosphere* 119, 1411-1421.

- Gutjahr M, Ridgwell A, Sexton PF, Anagnostou E, Pearson PN, Pälike H, Norris RD, Thomas E, Foster GL (2017)：Very large release of mostly volcanic carbon during the Palaeocene–Eocene Thermal Maximum. *Nature*, 548, 573.

第三章

- 陳有祺 (2003)，濕地生態工程，滄海書局。

- 吳文輝 (2012)，灣裡人工濕地處理社區生活污水之效益評估，嘉南藥理科技大學環境工程與科學系碩士論文。

- 張惠婷 (1998)，以土壤及礫石床人工濕地處理生活污水之研究，國立中山大學海洋環境及工程學系碩士論文。

- 施凱鐘 (2003)，利用人工濕地處理受硝酸鹽污染地下水之研究，嘉南藥理科技大學環境工程衛生研究所碩士論文。

- 林欣怡 (2000)，以礫石床人工濕地處理工業廢水之研究，國立中山大學海洋環境及工程研究所碩士論文。

- 陳怡伶 (2006)，以複合式水平流人工濕地處理中高埋齡垃圾滲出水之研究，國立中山大學海洋環境及工程學系碩士論文，第 10-20 頁。

- 張立弘，(2001)，生活污水之濕地處理及再利用研究，國立屏東科技大學研究所碩士論文。

- 廖少威、陳世杰 (2000)，以水生植物淨化復育濕地進流廢污水微量元素之研究，第二十五屆廢水處理技術研討會論文集，第 926-934 頁。

- 荊樹人、林瑩峰、錢紀銘、李得元、何茂賢、陳韋志、張弘昌 (2003)，蒸發散效應對人工濕地系統處理效能上之影響，第二十八屆廢水處理技術研討會，第 1-138 頁。

- 歐文生，2005，生活污水應用人工濕地處理及再利用之研究，國立成功大學建築研究所博士論文。

- 陳韋志 (2004)，環境因子的變化對人工濕地硝酸鹽去除效能的影響，嘉南藥理科技大學環境工程與科學系碩士論文。

- 余沐錦 (2016)，以焚化爐底渣為潛流式人工濕地填充材之污染處理效能研究，嘉南藥理大學環境資源管理系碩士論文。

- Avsar, Yasar, et al. (2007) "Rehabilitation by constructed wetlands of available wastewater treatment plant in Sakhnin." *Ecological Engineering* 29.1, 27-32.

- Brix, Hans (1997). "Do macrophytes play a role in constructed treatment wetlands?" *Water science and technology* 35.5：11-17.

- Cardwell, A.J., Hawker, D.W. and Greenway, M. (2002). Metal accumulation in aquaticmacrophytes from southeast Queensland, Australia., *Chemosphere*, 48, 653-663.

- Chyan, J. M., Senoro, D. B., Lin, C. J., Chen, P. J., and Chen, I. M. (2013). A novel biofilm carrier for pollutant removal in a constructed wetland based on waste rubber tire chips. *International Biodeterioration & Biodegradation*, 85, 638-645.

- Eliis, B., D.M. Revitt, R.M.E. Shutes (1994). "The performance of vegetated biofilter for highwayrunoff control." *Science of the Total Environment*, 146-147.

- Gale, P. M., Devai, I, Reddy, K. R., and Graetz, D. A. (1993) "Denitrification potential of soils from constructed and natural wetlands." *Ecological Engineering*, 2, 119-130.

- Iamchaturapatr, Janjit, Su Won Yi, and Jae Seong Rhee. (2007) "Nutrient removals by 21 aquatic plants for vertical free surface-flow (VFS) constructed wetland." *Ecological Engineering* 29, 287-293.

- Kadlec, R. H. and Knight, R. L. (1996) "Natural System for Treatment." *Treatment Wetlands.*, 42-45

- Kadlec, R. H., Wallace, S. (2008). Treatment wetlands. CRC press.

- Manual of Practice FD-16, "Natural System for Treatment." *Treatment Wetlands.*, 211-260.

- Mays, P.A., and Edwards, G.S. (2001) "Comparison of heavy metal accumulation in a natural wetland and constructed wetlands receiving acid mine drainage." *Ecological Engineering*,16, 487-500.

- Manios, T., Stentiford,E.I.,and Millner,P (2003). "Removal of heavy metals from a metaliferous water solution by Typha latifolia plants and sewage sludge compost." *Chemosphere*,53, 487-494.

- Tchobanoglous, G. (1993) Constructed wetlands and aquatic plant systems：research, design, operational, and monitoring issues.In G. A. (Moshiri., eds)，Constructed wetlands for water quality improvement. Lewis.

- Vymazal, J. (2007). Removal of nutrients in various types of constructed wetlands. *Science of the Total Environment*, 380, 48-65.

- Wood, A. (1995) "Constructed wetlands in water pollution control：Fundamentals to their understanding ." *Water Science and Technology*, 32 ,21-29.

- Watson, J. T., Reed, S. C., Kadlec, R. H., Knight, R. L. and Whitehouse, A. E. (1989) Performance expectations and loading rates for constructed wetlands." In D. A.

- Yeh, T. Y.,Kao, C. M. (2006)."Nitrogen removal within hybrid constructed wetlands for sewage purification," *WSEAS Transactions on Mathematics*, 15 (4), 423-428.

第四章

- Calheiros CSC, Rangel AOSS, Castro PML (2008)：The Effects of Tannery Wastewater on the Development of Different Plant Species and Chromium Accumulation in Phragmites australis. *Archives of Environmental Contamination and Toxicology*, 55, 404-414.

- Clemens S (2006)：Toxic metal accumulation, responses to exposure and mechanisms of tolerance in plants. *Biochimie*, 88, 1707-1719.

- Fryzova R, Pohanka M, Martinkova P, Cihlarova H, Brtnicky M, Hladky J, Kynicky J (2018)：Oxidative Stress and Heavy Metals in Plants. In：de Voogt P (Editor), *Reviews of Environmental Contamination and Toxicology*, Volume 245. Springer International Publishing, Cham, pp. 129-156.

- Hu P-J, Qiu R-L, Senthilkumar P, Jiang D, Chen Z-W, Tang Y-T, Liu F-J (2009)：Tolerance, accumulation and distribution of zinc and cadmium in hyperaccumulator Potentilla griffithii. *Environmental and Experimental Botany*, 66, 317-325.

- Israr M, Sahi S, Datta R, Sarkar D (2006)：Bioaccumulation and physiological effects of mercury in Sesbania drummondii. *Chemosphere* 65, 591-598.

- Jiang RF, Ma DY, Zhao FJ, McGrath SP (2005)：Cadmium hyperaccumulation protects Thlaspi caerulescens from leaf feeding damage by thrips (Frankliniella occidentalis). *New Phytologist* 167, 805-814.

- Jin X-F, Liu D, Islam E, Mahmood Q, Yang X-E, He Z-L, Stoffella PJ (2009)：Effects of Zinc on Root Morphology and Antioxidant Adaptations of Cadmium-Treated Sedum alfredii H. *Journal of Plant Nutrition* 32, 1642-1656.

- Küpper H, Parameswaran A, Leitenmaier B, Trtílek M, Šetlík I (2007)：Cadmium-induced inhibition of photosynthesis and long-term acclimation to cadmium stress in the hyperaccumulator Thlaspi caerulescens. *New Phytologist* 175, 655-674.

- Pagliano C, Raviolo M, Dalla Vecchia F, Gabbrielli R, Gonnelli C, Rascio N, Barbato R, La Rocca N (2006)：Evidence for PSII donor-side damage and photoinhibition induced by cadmium treatment on rice (Oryza sativa L.). *Journal of Photochemistry and Photobiology B：Biology* 84, 70-78.

- Rascio N, Navari-Izzo F (2011)：Heavy metal hyperaccumulating plants：How and why do they do it? And what makes them so interesting? *Plant Science* 180, 169-181.

- Sakakibara M, Ohmori Y, Ha NTH, Sano S, Sera K (2011)：Phytoremediation of heavy metal-contaminated water and sediment by Eleocharis acicularis. CLEAN – Soil, Air, Water 39, 735-741.

- Saraswat S, Rai JPN (2009)：Phytoextraction potential of six plant species grown in multimetal contaminated soil. *Chemistry and Ecology* 25, 1-11.

- Scott Angle J, Baker AJM, Whiting SN, Chaney RL (2003)：Soil moisture effects on uptake of metals by Thlaspi, Alyssum, and Berkheya. *Plant and Soil* 256, 325-332.

- Vogel-Mikuš K, Arčon I, Kodre A (2010)：Complexation of cadmium in seeds and vegetative tissues of the cadmium hyperaccumulator Thlaspi praecox as studied by X-ray absorption spectroscopy. *Plant and Soil* 331, 439-451.

- Zeng X, Ma LQ, Qiu R, Tang Y (2009)：Responses of non-protein thiols to Cd exposure in Cd hyperaccumulator Arabis paniculata Franch. *Environmental and Experimental Botany* 66, 242-248.

- Maria, A., Jolanta, M.P., Mirosleaw, N., Monika, D.,Wojciech, P., Pawele, M., 2002. Food relations betweenChrysolina pardalina and Berkheya coddii, a nickel hyperaccumulatorfrom South African ultramafic outcrops. Fresenius Environ. Bull. 11 (2), 85-90.

- Bani, A., Pavlova, D., Echevarria, G., Mullaj, A., Reeves, R. D., Morel, J.L., et al., 2010. Nickel hyperaccumulation by the species of Alyssum and Thlaspi (Brassicaceae) from the ultramafic soils of the Balkans. Bot. Serb. 34 (1), 3-14.

- Altino¨zlu¨ , H., karago¨ z, A., Polat, T., Unver, ˙I., 2012. Nickel hyperaccumulation by natural plants in Turkish serpentine soils. Turk. J. Bot. 36 (3), 269-280.

- Chehregani, A., Malayeri, B.E., 2007. Removal of heavy metals by native accumulator plants. Int. J. Agric. Biol. 9, 462-465.

- Kalve, S., Sarangi, B.K., Pandey, R.A., Chakrabarti, T., 2011. Arsenic and chromium hyperaccumulation by an ecotype of Pteris vittata—prospective for phytoextraction from contaminated water and soil. *Curr. Sci.* 100 (6), 888-894.

- Banasova, V., Horak, O., Nadubinska, M., Ciamporova, M., Lichtscheidl, I., 2008. Heavy metal content in Thlaspi caerulescens J. et C. Presl growing on metalliferous and non-metalliferous soils in Central Slovakia. Int. J. Environ. *Pollut.* 33 (2-3), 133-145.

- Chaudhry, T.M., Hayes, W.J., Khan, A.G. and Khoo, C.S. (1998) Phytoremediation-focusing on accumulator plants that remediate metal contaminated soils. *Aust. J. Ecotoxicol.* 4, 37-51.

- Vangronsveld, J., Herzig, R., Weyens, N., Boulet, J., Adriaensen, K., Ruttens, A., Thewys, T., Vassilev, A., Meers, E., Nehnevajova, E., Van der Lelie, D. and Mench, M. (2009) Phytoremediation of contaminated soils and groundwater：lessons from the field. *Environ. Sci. Pollut. Res.* 16, 765-794.

- Alkorta, I., Hernandez-Allica, J., Becerril, J., Amezaga, I., Albizu, I. and Garbisu, C. (2004) Recent findings on the phytoremediation of soils contaminated with environmentally toxic heavy metals and metalloids such as zinc, cadmium, lead, and arsenic. *Rev. Environ. Sci. Biotechnol.* 3, 71-90.

- Rafati, M., Khorasani, N., Moattar, F., Shirvany, A., Moraghebi, F. and Hosseinzadeh, S. (2011) Phytoremediation potential of Populus alba and Morus alba for cadmium, chromuim and nickel absorption from polluted soil. *Int. J. Environ. Res.* 5, 961-970.

- Tangahu, B.V., Abdullah, S.R.S., Basri, H., Idris, M., Anuar, N. and Mukhlisin, M. (2011) A review on heavy metals (As, Pb, and Hg) uptake by plants through phytoremediation. *Int. J. Chem. Eng.*

- Sun, Y., Ji, L., Wang, W., Wang, X., Wu, J., Li, H. and Guo, H. (2009) Simultaneous removal of polycyclic aromatic hydrocarbons and copper from soils using ethyl lactate-amended EDDS Solution. *J. Environ. Qual.* 38, 1591-1597.

- Wuana, R.A. and Okieimen, F.E. (2011) Heavy metals in contaminated soils：a review of sources, chemistry, risks and best available strategies for remediation. *ISRN Ecology* 2011, 1-20.

- Nowack, B., Schulin, R. and Robinson, B.H. (2006) Critical assessment of chelant-enhanced metal phytoextraction, Environ. *Sci. Technol.* 40, 5225-5232.

- Tassi, E., Pouget, J., Petruzzelli, G. and Barbafieri, M. (2008) The effects of exogenous plant growth regulators in the phytoextraction of heavy metals. *Chemosphere* 71(1), 66-73.

- Meers, E., Ruttens, A., Hopgood, M.J., Samson, D. and Tack, F.M.G. (2005) Comparison of EDTA and EDDS as potential soil amendments for enhanced phytoextraction of heavy metals. *Chemosphere* 58, 1011-1022.

- Luo, C.L., Shen, Z.G. and Li, X.D. (2005) Enhanced phytoextraction of Cu, Pb Zn and Cd with EDTA and EDDS. *Chemosphere* 59, 1-11.

- 吳佳峻 (2014)，整合型植生復育提升能源作物整治重金屬成效之研究，國立高雄大學土木與環境工程研究所，碩士論文。

- 黃品儒 (2016)，環境永續型植生復育整治重金屬污染土壤暨探討菌相影響之研究，國立高雄大學土木與環境工程研究所，碩士論文。

- Shih, I.-L. and Van, Y.-T. (2001) The production of poly-(γ-glutamic acid) from microorganisms and its various applications. *Bioresource Technology* 79(3), 207-225.

- Sung, M.-H., Park, C., Kim, C.-J., Poo, H., Soda, K. and Ashiuchi, M. (2005) Natural and edible biopolymer poly-γ-glutamic acid：synthesis, production, and applications. *The Chemical Record* 5(6), 352-366.

- Ho, G.-H., Ho, T.-I., Hsieh, K.-H., Su, Y.-C., Lin, P.-Y., Yang, J., Yang, K.-H. and Yang, S.-C. (2006) γ-Polyglutamic Acid Produced by Bacillus Subtilis (Natto)：Structural Characteristics, Chemical Properties and Biological Functionalities. *Journal of the Chinese Chemical Society* 53(6), 1363-1384.

- Kumar, R. and Pal, P. (2015) Fermentative production of poly (γ-glutamic acid) from renewable carbon source and downstream purification through a continuous membrane-integrated hybrid process. *Bioresource Technology* 177(0), 141-148.

- Bajaj, I. and Singhal, R. (2011) Poly (glutamic acid) – An emerging biopolymer of commercial interest. *Bioresource Technology* 102(10), 5551-5561.

- Liu, Z., He, X., Chen, W., Yuan, F., Yan, K. and Tao, D. (2009) Accumulation and tolerance characteristics of cadmium in a potential hyperaccumulator—Lonicera japonica Thunb. J. Hazard. Mater. 169, 170-175.

- ITRC (Interstate Technology & Regulatory Council). 2009. Phytotechnology Technical and Regulatory Guidance and Decision Trees, Revised. Phyto-3.

- 柯勇 (2016),《植物生理學》(第二版),藝軒圖書文具有限公司。